ALCOHOL AND DRUG ABUSE

A psychosocial and spiritual approach to prevention

酒精和药物滥用

——精神和社会心理方面的预防

原著： A－M. Ghadirian，M. D.

主译： 陆　林

翻译： 陆　林　李素霞　方玉霞

何颖颖　孙洪强

审校： 陆　林　吴　萍　张宵丽

时　杰

北京大学医学出版社

图书在版编目（CIP）数据

酒精和药物滥用：精神和社会心理方面的预防/（加）卡迪里安（Ghadirian，M.D.）著；陆林等译．北京：北京大学医学出版社，2008.6

书名原文：Alcohol and Drug Abuse：A psychosocial and spiritual approach to prevention

ISBN 978-7-81116-553-1

Ⅰ．酒… Ⅱ．①卡…②陆… Ⅲ．①饮酒—基本知识②药物滥用—预防（卫生） Ⅳ．TS971 R969.3

中国版本图书馆 CIP 数据核字（2008）第 041271 号

北京市版权局著作权合同登记号：图字：01-2008-2293

ALCOHOL AND DRUG ABUSE：A psychosocial and spiritual approach to prevention

A-M. Ghadirian，M. D.

酒精和药物滥用——精神和社会心理方面的预防

主　　译：陆林
出版发行：北京大学医学出版社（电话：010-82802230）
地　　址：（100083）北京市海淀区学院路 38 号 北京大学医学部院内
网　　址：http：//www.pumpress.com.cn
E - mail：booksale@bjmu.edu.cn
印　　刷：北京东方圣雅印刷有限公司
经　　销：新华书店
责任编辑：吕晓凤　　**责任校对：**金彤文　　**责任印制：**张京生
开　　本：889mm×1194mm　1/32　**印张：**5　**字数：**120 千字
版　　次：2008 年 6 月第 1 版　2008 年 6 月第 1 次印刷
书　　号：ISBN 978-7-81116-553-1
定　　价：18.00 元

前 言

Robert L. DuPont，PhD *

在这本极其精彩的书中，Ghadirian 医生作为 McGill 大学的一名精神病学教授，将专业知识与他本人深邃的个人思想相结合，向我们展示了他杰出的事业。在现今全球最大、最前沿以及最富有挑战性的流行病学课题——违禁药品的使用上，Ghadirian 医生带给我们一个崭新的视角。

毒品的滥用已经有一千多年的历史。从 20 世纪 60 年代末开始，毒品滥用席卷整个世界，滥用的方式更具危险性。以前违禁毒品的使用局限在某些人群中，品种限于一种或少数的几种，毒品使用的途径常常是经口腔而不是风险更大的其他使用途径，如吸烟、静脉注射和烫吸。今天违禁药品的品种已经多到几乎无法计数，用药途径的多样化也增加了未知的风险性，高危人群亦在极度膨胀。违禁药品的最高危险人群集中在年轻人和社会弱势人群，包括穷人以及患有精神疾病的人。药物滥用的流行如同电脑一样普遍。

药物成瘾被普遍称为“脑疾病”。所有毒品作用的靶器官都是大脑，在脑内毒品作用的靶点是正常奖赏中枢。与愉快相关的生物门控都被滥用的毒品所控制。当今关于药物成瘾这个流行病学课题，最受关注的两个公众健康问题是：第一，为什么最近几十年会出现世界范围内的药物滥用？第二，如何才能扭转违禁药品使用逐年上升的趋势？

关于第一个问题，众所周知，最普遍使用的毒品很多都是老

---

* 美国国立药物滥用研究所首任所长；Georgetown 医学院精神病学教授；行为及健康研究所（见 www. ibhinc. org）主席；《自私的脑——从成瘾当中学到的》一书的作者。

药，从大麻开始，接下来就是可卡因和海洛因，它们在世界范围内占据着主导地位。我们也清楚无论生物危险因素和遗传危险因素是什么，过去的几十年里人类大脑还没有进化出新的生物物质。换句话说，解释在相对短的时期内毒品使用的流行性上升，我们不能将焦点放在毒品的改变以及大脑生物学的改变上，唯一能够解释的是人们接触药品的环境发生了改变。环境的变化之所以具有深远的意义，在于这种变化会导致毒品的广泛传播，使人们对使用违禁药品更能接受，并对使用违禁药品的危险性缺乏前人的警惕性。所以说，违禁药品的使用正常化与现代文化是密不可分的，毒品的热心支持者为它们提供了肥沃的土壤。

现代文化允许，甚至助长了违禁药品的使用，这种文化认为违禁药品的使用对于使用者本人或者社会来说没有不良后果，甚至认为使用药品是需要被保护的一种生活方式。现代观念中普遍存在的隐私保护已经发展到认为吸毒者不应该被干涉的地步。现代的价值观认为，人们对违禁药品的使用就如同对衣服式样或者说话方式的选择一样，是一种个人的选择，这种观点也同时被道德相对论所认同。

要想改变违禁药品滥用者的错误态度，就需要让他们知道违禁药品并不是“无害的”，而且这种危害也并不仅仅局限于吸毒者本人，家庭、社会甚至是整个国家都会被这种所谓的个人选择所伤害。犯罪、过量致死、生产力降低、教育中断等都是使用违禁药品的不良后果。违禁药品造成的严重且广泛的不良后果应引起我们足够的重视，并采取强有力的社会行动来解决。对这些后果的正确认识也会让人们认识到，使用违禁药品只是一种个人选择的观点是很荒谬的。

如果国际公共卫生系统在减少违禁药品使用上有所成就，那么决不是首先在减少药品供应的努力上获得成功，而是在减少毒品需求上取得成功。因为是否使用违禁药品完全取决于个人，所以药品滥用预防的核心也应该落在个体上。根据四十多年来在精神科的医疗实践，我发现违禁药品最令人震惊的效果之一就是使人产生精神和道德上的堕落。药物成瘾的核心问题是毒品使用导致灵魂的瓦解，最突出的表现是不诚实。诚实的瘾君子几乎是不存在的。瘾君子周围的人是那些只关心自己幸福生活的人，希望所有的瘾君子都不再吸毒的人是不存在的。然而对于瘾君子来说，他们既不想放弃他们的化学情人——毒品，也不想破坏与劝说他们戒毒的人们的关系，所以他们只能撒谎。他们不仅仅在毒品上撒谎，也在任何他们想获得的事物上撒谎，常常不顾及撒谎对于他们自己和周围人造成的长期后果。这样看来，瘾君子的康复和治愈并不仅仅是躯体上的，还应包括精神上的康复，诚实与否可以作为药物成瘾康复的标准。

使很多瘾君子康复和保持稳定状态的场所是实行 12 步骤的组织，尤其是嗜酒者互戒协会和麻醉剂互戒协会。这些组织也不能完全理解为互助组织或自救组织。就像几年前一位组织的成员告诉我的那样："自救只会令我们更混乱，你们称之为上瘾。"我问："如果不称这种救助生命的组织为互助或自救组织，那应该怎样定义?"他的回答令我震惊，"应该称为上帝救助组织。"虽然这些组织并不含有宗教性质，但确是一种精神上的组织，它所代表的力量要远大于个人。这就意味着药物滥用的预防和药物滥用后的康复都需要从精神上开始做起。

这些鲜为人知但是重要的因素在 Ghadirian 医生的书中得到了阐明。书中没有涉及成瘾的精神病理学。他为反抗毒品成瘾的精神防御提供了睿智的建议。如果一个人有他活着的理由以及选择今天某种活动的理由，而这种理由不是基于自私或享受片刻的愉悦，那么这个人就不会成为瘾君子。如果一个人除了享受片刻愉悦便再没有其他生活目标，那么这个人就面临着毒品依赖的高风险，因为毒品会产生强烈的奖赏作用。成瘾过程也被称为"追求快乐"，尽管在成瘾的后期更类似于寻找摆脱由毒品所致的痛苦而不是寻找愉悦。我认识的大多数不愉快的人都是毒品成瘾者。这并不是“愉悦的疾病”，相反毒品使用是源于精神贫瘠的一种不顾后果，并对健康的脑生物学状态产生破坏性损害的疾病。

这本书提供了预防物质成瘾的精神疫苗。

2007 年 3 月

献给所有找寻生命意义和
真正幸福的人

致　谢

这本书最初诞生于1985年，名为《寻找天堂》，并于1989年进行修订。从那时起，关于物质滥用和预防的问题便得到了广泛的研究。随着时间的推移和违禁药品及成瘾的蔓延，进行全球范围内的预防性教育成了当务之急。

在这项重要的事业中，很多人帮助了我，感谢这些为我提供意见和给予鼓励的朋友。首先感谢我亲爱的妻子 Marilyn，对她中肯的建议、无私的帮助、有价值的评论以及对手稿的编辑表示感谢。还要感谢我们的儿子——Sina 和 Nayyer，感谢他们给了我无尽的爱和鼓励。还有 George Ronald 以及他的团队，为他们的帮助表示感谢，尤其是 May Hofman Öjermark，她提出了宝贵的建议，并且负责了我从第一版开始直至现在的编辑工作。也非常感激 Johanna Okker 和 Claire Gougeon 为我提供了技术上的帮助和有价值的观点。我希望这本书能够为药物成瘾的发展提供崭新的前景。

Abdu'l-Missagh Ghadirian

加拿大魁北克省蒙特利尔市

2007年5月

引　言

物质滥用和成瘾已成为世界范围内普遍存在的问题，并严重威胁着人类社会。现今，数以千计的成年人、青少年甚至是儿童都欣然接受他们的思想和身体受制于非医疗用途的药物使用，以及由此带来的严重后果。根据美国的《世界毒品报道》（2006），截至 2006 年，世界上大约有 2 亿人，或者说全球年龄在 15～64 岁的人群中有 5％的人消费违禁药品。这篇报道也指出这个世界上有六千四百万的居民在使用鸦片、可卡因和安非他明类兴奋剂。

除了非医疗目的的药物使用，仅烟草一项全球消费人群就超过 13 亿。长期吸烟者中有 50％的人死于烟草。算上各种形式使用烟草的人，统计结果显示每年有多达四百九十万人死于吸烟。烟草导致的死亡率是违禁药物的 25 倍。数百万计的人包括青少年都受到酒精和甲基苯丙胺（也称“冰毒”或“迷幻药”）的影响。每年都有数以千计的带有毒瘾的孩子出生，无法预计他们将面临的困境及其后果。

人们为什么要使用这些药品？这些药品是什么的替代品？谁是物质滥用的最易感者？解决的方法是什么？

不同的人使用违禁药品有着不同的目的。一些人是因为好奇或者为了愉快，一些人是为了远离痛苦、失望或者生活的压力，还有一些人仅仅是为了逃避。文化以及毒品的可获得性在物质滥用的蔓延中起着重要的作用。在很多工业国家，毒品使用似乎与人们的生活方式匹配得很完美。对即时欲望满足的渴望、低的挫折耐受能力、竞争的生活方式以及由物质主义导致的焦虑都是导致药物滥用的重要因素。

“生活方式药物”是新一代的处方药。它们的出现是因为能够满足人们很多需求，如减肥、促进头发生长、增强性欲、激发情绪和自尊。虽然有些药品是为了健康的需要，但总体来说，这种发展也表明我们的内部平衡已经到了要依靠外界物质来满足的程度。

物质滥用在世界范围内的蔓延以及它控制人类精神和躯体的事实，反映了人性的危机，同时也在寻找针对这种困境的持久的解决方法。在这种人性危机中，处在危险中的一直是人们的精神，毒品首先扭曲和破坏的便是知识馈赠给我们的高贵和优雅。我们的躯体是内在信仰以及内在本体存在的物质载体。无论我们的物质载体发生了什么变化都会影响到内在本体——人类理性灵魂的发展。

具有讽刺意味的是，物质滥用极具悲剧性的结局是药物滥用者极力追求毒品，他们希望这些敌人占据他们的大脑，影响他们的精神，并情愿为其付出。这为我们提出了一个人与真实自我关系的严峻问题。我相信违禁药品对自然情绪、思维和意识的操纵将会对人的行为、精神和性格发展产生深远的影响。毒品的使用，无论是为了“娱乐”、逃避或减轻痛苦，都抑制了在生活中遇到挑战时的自然学习过程，也因此遏制了智力和精神的发展。另外，一些毒品会降低或干扰对于个人的成长和成熟至关重要的遇到环境挑战和刺激时的反应能力。

这本书的主要观点集中在对物质滥用和成瘾进行初级预防。另一个目的是调查药物滥用在社会中的意义和隐含的后果。目前解决物质滥用所带来的破坏性影响最有效、持久且经济的方法是预防：对人们进行大范围的教育，尤其是青少年和儿童。同样重要的是将注意力集中于建立一种和谐的、健康的、积极的生活方式上。本书所展现的主要预防模式是预防性教育，预防性教育应在家庭和早期童年就开始，从孩子形成对生活的态度和尊严的时候便开始。本书也展现了在根除药物依赖这一人类灾患时，个人、家庭和社会所应起的作用和担负的责任。正如联合国前秘书长一Javier Pérez de Cuéllar（1985）所说：

> 药物滥用作为一种有破坏性的威胁而存在，影响了这一代和下一代，就如前几个世纪曾横扫了世界很多地区的灾难一样。除非得到有效控制，否则它带来的影响将更险恶并更具破坏性……国际组织将其变成全球性的事业以迎接这个挑战的时刻已经到来了。

出于实用的目的，本书中使用的“物质”一词被用于指代酒精和其他所有类型的滥用药物。“药物使用”和“物质滥用”可以互相替代使用，指代各种非医疗用途的非法的药物使用，包括药物成瘾。成瘾或依赖是一种强迫性的饮酒或用药行为，经常会发展成耐受和出现戒断症状。成瘾者尽管了解后果，但仍继续这种失控的行为。“滥用”和“娱乐性使用”指非医疗用途的物质应用，将会导致心理上和躯体上的症状。

自从1985年第一版发行以来，《寻找天堂》已经被越来越多的人所了解并且已被传播到世界各地。它曾经被译成多国语言发表，包括西班牙语、意大利语、俄语、葡萄牙语、波斯语和法语。现在正处于被译成汉语并被发行的过程中。第三版已经完全修正和更新；新的书名反映了世界范围内对药物滥用破坏性影响的认识，也反映了这本书作为精神疫苗要履行的使命——即使暂时还不能称之为成功。

目　录

1

毒品应用的简要历史

从远古时代开始，人们就向往着发现永生的秘密并寻找摆脱痛苦直达终极快乐的方法。几百年过去了，大批的草药和西药被发现能够达到这样的目的，并且得到多种文化的推崇。很多物质被应用于部落庆典和宗教仪式中，用于激发一种兴奋状态或者使人进入恍惚状态中。依据物质使用的量和药效的不同，服用者会体验到一种与现实完全或者选择性分离的感觉，有时也会发生惊厥和意识丧失的情况。在某些文化中，这些物质使用者会表演仪式性的舞蹈和有节律的运动，当他们的兴奋达到顶点时会加快表演运动的速度。这样的表演者是被别人尊敬的，因为大家一致认为这种迷幻状态能够让他们与灵魂或超自然力量对话，并且能够治疗疾病或者给人带来幸运。

改变情绪和精神的药物既有来自于天然物质的，也有人工合成的。在数千年历史中，植物一直是为人类提供药物的天然资源。一些毒品就是从植物中获得的，例如：鸦片（从罂粟属植物中）、大麻和印度大麻（从植物大麻中）、可卡因（从可卡植物中）、麦司卡林（从仙人掌中）和酒精（可以由各种各样的谷物、蔬菜和水果制成）。

可卡因是可卡叶中的生物碱和活性成分。这种植物生长于安第斯山脉东面的山坡，特别是秘鲁和玻利维亚地区。可卡来源于艾马拉印度人语言，意为“树”。可卡叶在南美印第安人文化中有着重要的地位。印加人认为在宗教仪式中燃烧或者咀嚼可卡叶是神圣的标志（UNDCP1997，p. 34）。早在19世纪80年代，欧洲的内科医师开始研究可卡的治疗效果之前，印第安人就常常用它来治疗各种疾病了，包括高空病和牙痛，也被用于降低食欲，缓解饥渴和减轻繁重体力劳动带来的疲惫。这种古老的文化后来被拉丁美洲的西班牙人采用，使美洲土著劳动者工作更长的时间。

可卡因首次应用于医疗是1884年，用于眼外科手术的局麻，也用于吗啡和酒精成瘾的治疗。直到更好的人工合成局麻药的出现，可卡因局部麻醉的医疗应用扩展到了牙科和其他的外科手术中（Kalant 1986，p. 9）。然而，它作为吗啡和酒精成瘾的治疗药物，最终导致广泛滥用并可自我给药。起初，它是通过皮下注射用药，但到了世纪交替的时候，鼻吸可卡因迅速传播，第一次世界大战后可卡因滥用达到了顶峰。随后的50年里，可卡因的使用保持在局限的范围内。然而，到了20世纪70年代，可卡因的流行开始上升，尤其在多药滥用者中风行（Kalant 1986，p. 9）。在20世纪80年代，可卡因使用者对这种高纯度、高浓度、价格更为便宜、成瘾性极强的消费品的使用迅速增加，尤其在美国市区，并且迅速蔓延到所有的工业国家。

大麻烟是大麻的花和叶子风干后精制而成，而**印度大麻**是这种植物的浓缩树脂。印度大麻药效更强，在东方的使用更广泛，而大麻烟在西方应用得更频繁。任何大麻制剂的药效都取决于树脂中四氢大麻酚（THC）的含量。

印度大麻在印度和埃及的使用起源于史前时期。基督教之前的印度教徒认为大麻是一种圣洁的植物，在他们的宗教活动中扮演着重要的角色。在梵文文献中称其为“上帝的食物”（Nahas 1981，p. 7）。

11世纪末，由波斯北部的“山的老人”Hasan - i - Sabbah领导的东方教派的一些信徒使用印度大麻来达到他们特殊的目的。那些即将执行危险任务的人会先服下印度大麻，然后被带到一个美丽的花园，并被告知只要他们完成任务就一定会进入如美丽花园般的永久天堂。

为了毒品带来的身处永久天堂的感觉，它狂热的追随者将非常愿意跨过沙漠到达另一头的巴士拉或者巴格达，在那里悄悄地谋杀某个Hassan反对的人。因为这个原因，即使是今天，秘密谋杀政客者依然被称为“assassin刺客”（大麻瘾者），这个名字也被认为是由药名衍变而来（DeRopp 1976，p. 52）。

在牙买加的一些地区，大麻（ganja）常常被提供给劳工和农民，因为雇主相信大麻会使他们更有力量而且更努力地工作（Cohen 1981a，p. 1）。于是就有了大麻的大量种植，类似于北美和欧洲种植咖啡的情况。在美国南部和中部的多数农民不再种植传统的食用谷物而开始种植大麻和可卡豆，因为它们有很大的利润空间。

根据闪族人的文字记载，**鸦片**的应用起源于5000年前的地中海东部地区，并发展到了波斯、印度、中国和欧洲。

古老的闪族人于公元前一千年就开始使用阿片了，阿片萃取于罂粟花，他们赋予罂粟花“愉悦”的含义。当东方以及远东地区的人们使用鸦片衍生物和大麻制剂的时候，在美洲新大陆上，烟草和致幻觉的仙人掌也从史前时期便开始使用了。使用的方式有鼻吸、直接吞咽，后来还发展成了吸入（UN1982，p. 8）。

在亚洲，鸦片用于治疗各种各样的疼痛、克服压力和减轻丧失亲人的痛苦已达几个世纪之久。士兵用它作为战伤的止痛剂，并且认为鸦片能够增加他们的力气和性能力（UNDCP 1997，p. 35）。

吗啡在1803年被证实是鸦片类的一种生物碱。1890年合成了**海洛因**，在世纪之交用于治疗吗啡成瘾。但很快便证实海洛因本身是一种比吗啡成瘾性更强的物质。

阿兹太克文明繁荣以前，产于墨西哥南部的致幻剂**二甲**-4-

羟色胺磷酸酯被应用于宗教仪式上。墨西哥的印第安人使用仙人掌类植物（威廉斯仙人球）**仙人球膏**（墨西哥仙人球膏）对抗酒精中毒。根据印第安的传说，墨西哥仙人球膏有着“神圣的起源”。据说“墨西哥仙人球膏”一词有“激起”或者“兴奋”的意思，在17世纪的墨西哥被广泛熟知；它的早期使用除了用于某些特定的部落仪式外，还作为传统的药物被使用（UNDCP 1997，p. 34）。

麻醉药的违法使用也已经有几个世纪了。19世纪60年代美国内战期间，吗啡的使用第一次呈流行性势态。每一次世界战争后，很多退伍老兵和战争幸存者都在寻找着精神上的避难所，习惯性的使用这些物质令他们感觉舒服，也为了湮灭他们痛苦的记忆。

1943年致幻药物**LSD**（麦角酸二乙胺）因为一个化学家偶然的吞服而被发现。它和其他引起幻觉的药物同被称为“致幻剂”，在20世纪60年代，**致幻剂**的使用除了使大众误入非现实世界之外，还引发了对深层次意识研究和探索的浪潮。这些物质改变意识形态却不降低警觉性，也因此把思维发散的实验从街头转移到大学和心理实验室。

在非洲、南亚和中东一些发展中国家，大麻在低经济收入阶层和上层社会中普遍应用。它既用于“社会上认可的限制性使用”的各种仪式，也用于“非社会认可的规律性服用”（酒精和毒品成瘾研究基金会 1981，p. 34）。通过对大麻使用的社会文化意义进行探索，一些研究者指出，以印度举例来说，绝大多数印度教徒在特殊事件的仪式上，如七日服丧期的典礼上使用大麻。规律性使用大麻的印度教徒只占小部分（酒精和毒品成瘾研究基金会 1981，p. 34）。在北美和欧洲，大麻的使用方式与之不同，使用的量也常常更大。

最近几年，由秘密的化学实验室大量生产的人工合成物质已经被划入违禁滥用药物的名单。它们比可卡因的药效更强、更便宜，而且用通常的毒品检测很难被检测到。它们的出现使本来就存在的药物滥用的危险性更大了。

酒精和烟草虽然没有被划分到违禁药品中，但也属于滥用物质。因为在西半球人们的物质滥用往往开始于饮酒、吸大麻或吸烟，所以酒精、大麻被认为是大多数吸毒者的“入门药”。

乙醇或酒精由各种水果汁和谷物发酵制成。酿酒历史可以追溯到早期埃及人。古巴比伦文字记载他们熟知麦芽酿造啤酒的过程。酒精酿造是早期保存食物的一种方法，而它对精神的影响和医疗上的作用是后来被发现的。葡萄酒的酿造在中世纪变得非常重要，因为它被广泛地用作圣餐上的庆祝饮品。在文艺复兴时期，酒精饮品的制造已经发展成为重要的工业。

酒精中毒的问题很少见于中国人和犹太人。然而，这种现象在爱尔兰人和美洲印第安人中却很常见。最近的研究提示遗传易感性能够部分解释这种差异。东方人，尤其是中国人对酒精有着生物上的防御机制，饮酒后血液中含有较高水平的乙醛。乙醛是酒精在体内降解的产物，它能够产生强烈的、令人不愉快的红脸反应，推测这种反应能够保护他们不过量饮酒。这种生物防御在爱尔兰人和美洲印第安人中很低，因此他们更容易沉湎于饮酒并发展成酒精中毒（Prince 1982）。

烟草中的**尼古丁**对心脏、神经系统和其他器官都有刺激作用。美洲印第安人早在 1492 年美洲大陆被发现之前就已经用烟斗吸烟了。克里斯多佛·哥伦布将烟草种子带回欧洲，农民开始种植这种植物用作医疗，相信烟草能够帮助人们放松。在 20 世纪初，烟草的使用方式主要是咀嚼烟草叶。然而，这种使用方式使大多数人发展成舌癌和口腔癌患者。在 20 世纪 20 年代咀嚼烟叶这种使用方式开始减少，部分原因是发现吐沫与结核病的传播有关，而这种疾病在当时属不治之症。逐渐地，人们放弃咀嚼烟叶，吸香烟变成了一种时尚（Stuart Houston 1986）。最近几年，在六十多个国家中烟草种植已被列入重要农作物，中国烟草生产量居世界之首。

另一类易被滥用的物质是**精神活性药物**，包括镇静催眠药，巴比妥类和非巴比妥类药物，镇静药物如苯二氮䓬类。这类药物大多数都有很高的成瘾性，广泛应用于内科和精神科疾病，从治疗癫痫到缓解焦虑等。据估计每年有超过一亿个处方中写的是这类药（Inaba 等. 1977，p. 15）。这类物质有镇静和放松效果，被大部分青少年或成年人作为克服心理冲突或获得快感的手段。

物质滥用：国际概况

美国麻醉药品委员会在 1987 年就对全球范围内毒品蔓延问题表示担忧。他们说，这个问题在一些国家已经达到了流行的程度。海洛因和可卡因滥用人群已经显著扩大。虽然在一些国家新发病例已经稳定，甚至在减少，但总的滥用人数还是非常高。

一个需要引起我们注意的新问题是“设计药”的出现——控制型毒品的类似物，它们是围绕毒品的控制能力而对其结构做出相应的改变后产生的，在效果上与原药类似或更加强大。这种物质的使用导致更高的发病率和致死率（UN 1987）。

与药物滥用相关的问题包括躯体和社会功能障碍、犯罪、意外事件、健康的损伤以及死亡（主要在青年人当中），而应用未消毒针头所致的艾滋病（获得性免疫缺陷综合征）又给药物滥用本身增加了问题。还有在工作场所使用毒品以及职业功能的损害，所有这些都需要特殊的关注。

一些令人关注的发展趋势包括过早地第一次使用毒品（青春期前），女性毒品使用者比例不断增加，频繁使用挥发性溶剂、可卡因和海洛因以及滥用在社会各阶层中的普遍蔓延。最流行的滥用毒品是可卡因，经常以“快克”的方式吸入；大麻是“在大多数地区继续被最广泛滥用的违禁药品”；还有海洛因，已传播到非洲国家，成为世界绝大多数国家的严重问题。

关于其他物质，委员会透漏（出处同上）：

全世界所有地区都有苯丙胺类兴奋剂滥用的报告。这种滥用在很多国家都在增长。苯二氮䓬类、弱安定剂、巴比妥类和非巴比妥类镇静催眠药在世界范围内都有滥用。麦角酸二乙胺（LSD）的滥用有所下降，但在某些国家这种物质的滥用仍然是个问题。苯环己哌啶（PCP）继续在北美被滥用，在其他地方仅是零星的散发。天然致幻剂，尤其是蘑菇，在一些国家的滥用日益上升。少年和儿童对挥发性溶剂如胶水和汽油等的滥用在上升，这在所有地区成为非常难解决的问题，尤其是想要控制它更加困难，因为溶剂在绝大多数国家都很容易得到。

2

酒精和药物依赖：全球性流行

联合国毒品和犯罪办公室（UNODC）在 2006 年的年度报告显示世界人口的 5%，也就是 2 亿年龄在 15～64 岁的人在最近的 12 个月里至少一次使用过违法药物（UNODC 2006，p. 9）。这个统计数字比 2004 年超出了 1500 万。对于合法药物，据估计全世界 50%的成年人使用酒精，使用烟草制品的人也占到 30%（UNODC 2005，p. 5）。

大麻

大麻是最常使用的违禁药物，全世界有 1.6 亿人（全世界年龄在 15～64 岁人群的 4%）使用大麻。使用草本大麻或大麻脂在太平洋诸岛（大洋洲）最为常见，其次是北美洲和非洲，全世界的消耗量也在不断上涨（UNODC 2005，p. 93）。在欧洲 15～16 岁的学生使用量的增长已很明显。

可卡因

在美洲，使用可卡因非常流行，使用人数已经近 1400 万（UNODC 2005，p. 5）。根据 UNODC 的数据，2003 年超过 90 万人口由于可卡因依赖接受治疗，其中 90%来自美洲。目前所有可卡因使用者中只有 7%接受治疗，并且每年有万分之五的使用者因可卡因而死亡（UNODC 2005，p. 76）。

可卡因的成瘾性和死亡风险仅次于海洛因，位居第二。全球 1400 万的可卡因使用者中有 2/3 居住在美洲。美国连续成为全球最大的可卡因市场，其次是欧洲，尤其是在西班牙和英国

（UNODC 2005，p. 76）。毋庸置疑，持续多年的增长后，可卡因的使用已蔓延到世界各地。根据最近的世界药物报告（World Drug Report）可卡因的使用量略有减少（UNODC 2006，p. 9），但是在美洲使用量已减少的同时，欧洲的消耗量却在增加。（UNODC 2006，pp. 97－98）。

鸦片

在 1909 年的国际鸦片委员会上海会议之前，世界鸦片的总产量估计至少 3 万吨。100 年后世界鸦片的产量降到 5000 吨（UNODC 2005，p. 7）。最新的数据包括了 400 吨的合法鸦片（医用），其余为非法用途鸦片。另一方面，世界人口从 1900 年的 16.5 亿增长到目前的 64 亿。在世界人口增长 3 倍的情况下鸦片产量减少了 80%（UNODC 2005，p. 7）。

鸦片使用者的数量据估计大约为 1600 万，并且在持续增加，主要是在亚洲地区。在 1600 万鸦片（阿片、吗啡和海洛因）滥用者中有 1060 万是海洛因滥用者，这已成为全球药物滥用的重要挑战。据估计，在欧洲和亚洲超过 60%的药物滥用的相关治疗源自阿片滥用。全世界每 1000 例鸦片依赖者中只有 78 例处于治疗中，由鸦片滥用造成的死亡率高于任何其他药物滥用（UNODC 2005，p. 56）。全世界超过一半的鸦片滥用者居住在亚洲，亚洲也就成了世界主要的非法鸦片生产和销售地。因此，阿片滥用最严重的地区分布在毒品非法交易通道的沿途，如阿富汗、伊朗、吉尔吉斯斯坦（UNODC 2005，p. 45）。根据 2003 年的报道，鸦片查处总量最多的国家是巴基斯坦和伊朗（分别是全球鸦片查处量的 31%和 24%）（UNODC 2005，p. 48）。毗邻阿富汗的国家有大量人群受到鸦片依赖影响。但是据报道鸦片最为流行的地区是欧洲，尤其是东欧（特别是俄罗斯联邦）。美洲海洛因滥用的流行地主要是在美国（UNODC 2005，p. 56）。

苯丙胺类兴奋剂、可卡因和鸦片消耗的全球水平，在过去的

3 年中保持高度稳定。2006 年全球物质滥用率与前一年相比保持一致（2 亿或世界人口的 5%）。尽管估计近几年药物使用者数量有一些变化，但因一些国家的升高被其他国家的降低抵消了，全球水平的估计值基本没有变化。还应该注意的是 5%的人口（年龄在 15～64 岁）消耗非法药物至少每年一次（年流行病学），他们当中仅约一半的人（2.7%同年龄人群）是规律性的使用（也就是至少每月一次）（UNODC 2006，p. 8）。

合成药物

并不是所有违禁药物都来源于植物或是植物产品。合成或设计药的使用正在上升，并且该类药物更容易获得。合成药物的优点是可以在任何地方生产，并容易分发。因此，其在非法物质市场上占据越来越重要的份额。合成兴奋剂的非法生产和运输的增长已经超过可卡因和海洛因（UNODC 2006，vol. 1，p. 38）。秘密生产的主要合成药物是苯丙胺类兴奋剂（ATS），包括广泛滥用的苯丙胺和甲基苯丙胺，还有最近更为流行的亚甲基二氧基甲基苯丙胺（MDMA）和 methcathione（UNODC 2006，p. 19）。“迷幻药”指的是一系列分子化合物略有不同的设计药物。因此，非法制造商会在法律还没禁止的时候，通过稍微修改配方制造出新的具有类似作用的新药（PEDDRO 1998，pp. 8－9）。

全世界年龄在 15～64 岁的人口中，有 3400 万使用 ATS 及相关的迷幻类物质，其中 2600 万人口使用 ATS（占世界人口的 0.6%），800 万使用迷幻药（UNODC 2005，p. 5）。尽管这些统计数字每年都有变化，尤其是东南亚和北美，但是这些药物的使用范围令人担忧。几乎全球苯丙胺和甲基苯丙胺使用者的 2/3 居住在亚洲，尤其是东亚和东南亚（UNODC 2005，p. 112）。在欧洲苯丙胺的使用更常见，而在亚洲甲基苯丙胺的使用相对其他 ATS 药物则占绝对优势（UNODC 2005，p. 112）。迷幻药在欧洲和北美使用更普遍（UNODC 2005，p. 112），最近报道大洋洲迷幻药使用量持续上升并超过了世界上其他地区（UNODC 2005，p. 112）。

2005 年，因使用 ATS 而接受住院治疗的病人中，亚洲占 16%、大洋洲占 13%、美洲占 12%、欧洲 9%。

合成药物的开发始于 20 世纪 80 年代中期（PEDDRO 1998，pp. 5－7）。起初跟随西方亚文化——狂热现象而出现。与高科技舞曲（techno music）相伴出现的迷魂药的广泛传播是令人震惊的（PEDDRO 1998，pp. 5～7）。在 20 世纪 90 年代晚期的英国使用范围最广的三种药物依次是大麻衍生物、苯丙胺和迷幻药（PEDDRO 1998，p. 5）。迷幻药的易于生产和狂热活动的增长导致其迅速蔓延（PEDDRO 1998，pp. 8－9）。

全世界违禁药物的 2 亿消费者，连同更多的所谓的合法药物的消费者如烟草和酒精依赖者一起构成巨大的群体，在从事着自我毁灭的行为。每年用于药物滥用的资金大约是 3200 亿美元。引用 UNODC 执行主任 Antonio Maria Costa 的话："与我们所对抗的不是一小股敌人，而是一群庞大的敌人；处理如此巨大数目的资金，将一定会是极其顽固的一战"（UNODC 2005，p. 2）。

2005 年度《世界药物报告》公布的表格通过世界受影响人口的数量和百分比反映了药物使用的范围（表 1）。图 1 的数据说明了 1993～2003 十年间大麻、ATS、可卡因和鸦片这四种最常用滥用药物的消耗量均在稳定增长。

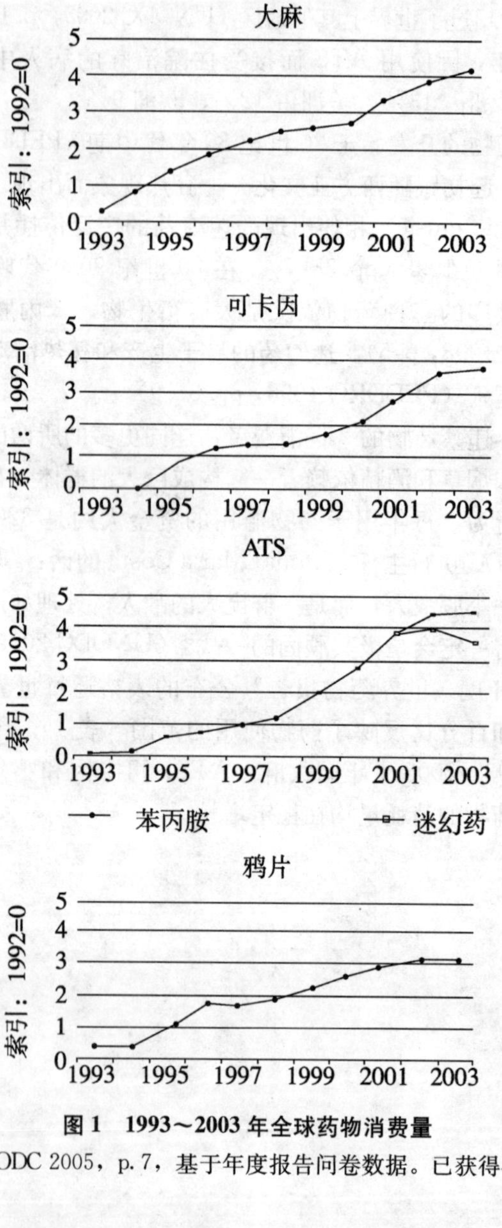

图 1　1993～2003 年全球药物消费量

来源：UNODC 2005，p. 7，基于年度报告问卷数据。已获得再印许可。

表1　药物使用范围（年度流行率*）
2003/04年估计（或者可得到的最新年度）

	全部非法药物	大麻	苯丙胺类兴奋剂		可卡因	鸦片	其中的海洛因
			苯丙胺	迷幻药			
（百万人口）	200	160.9	26.2	7.9	13.7	15.9	10.6
占全球15～64岁人口的百分比	5.0%	4.0%	0.6%	0.2%	0.3%	0.4%	0.23%

*年度流行率是一种测量在评估前的12个月内至少一次使用一种违禁药物人口的数量或者百分比的方法。请注意表1中的数字之和并不是2亿，因为很多药物依赖者不止使用一种药，该表也提供了相应的百分比。

来源：UNODC 2005，UNODC评估的基于年度报告问卷数据（国家报告）。已获得再印许可。

酒精：全球消耗量

近几年，全球酒精消费量持续增高。根据世界卫生组织（WHO）报道，这些增长绝大部分或全部来自于发展中国家（Globe 2002，p. 3）。酒精导致全世界180万人口死亡，相当于全球因疾病死亡人数的4%，其中美洲和欧洲占的比例最高。据估计全世界的肝脏疾病、食管癌、癫痫、交通意外、杀人和其他蓄意伤害事件的20%～30%是由酒精滥用造成的（Globe 2002，p. 3）。在欧洲，四分之一的男性和十分之一的女性使用酒精的水平被认为是有害且危及健康（Globe 2002，p. 3）。全世界因为酒精消耗造成的死亡人数达到每年180万（每天5000人）。如果有一个行动计划且可以很好地落实，这些死亡是可以避免的（Globe 2006a，p. 11）。

在美国，大约有7000万人口直接（1540万酒精依赖者）或间接（5600万人，由于他们与酒依赖者的相互关系）受到酒精问题的困扰（APA 1994 ，p. 3）。尽管酒精和烟草被认为是药物，但却不是违禁的。

目前，年龄在12～24岁的年轻人中，酒依赖者有1.3亿，创历史最高纪录。总的来说，他们比过去几代人接受的教育更高，身体也更为健康。然而，据报告年轻人酒精滥用的比例通常超过60%，其中10%～30%是属于狂饮性的饮酒。在英国，16～24岁的年轻人是人群中最为严重的饮酒者，并且戒酒的可能性最小（Globe 2006b，p. 18）。

在欧洲国家，年轻人中饮酒者的数量近几年逐年上升。据ESPAD 2003年对35个欧洲国家的调查报告显示，学生酒精和药物的使用量着实让人担忧。报告显示（Globe 2004a，p. 19）：在三分之二的国家（北欧和西欧）里几乎90%的人至少曾经醉酒一次。报道说，酒精使用量高达甚至超过正常使用量40倍的国家有丹麦、奥地利、捷克共和国、荷兰和英国（43%～50%）。尽管在这些国家男孩比女孩消费酒精要多，但是性别分布几乎平衡（Globe 2004a，p. 19）。

年轻人中狂饮性饮酒（有5杯或更多杯酒排成一列一次饮下）的频率最高的欧洲国家是：丹麦、爱尔兰、马恩岛、马尔他、荷兰、挪威、波兰和英国（24%～32%）（Globe 2004a，p. 2）。

在**巴西**，按人口平均计算年酒精消耗量估计约为8.5升。男女性开始使用酒精的年龄均为10岁左右。一项基于治疗女性酒精依赖的研究表明，女性平均饮酒年龄始于18岁，酒精滥用开始于31岁（晚于男性），但是滥用没几年就到戒酒中心接受治疗了（女性8年，男性11年）。有1/3的女性酒依赖者曾企图自杀，而男性依赖者中只占到13%（WHO 1993）。

在**中国**，酒精消费量从1952年到1990年增加20倍，尽管持续增加，但相对低于同时期的西方国家和日本。过去，经济状况最低的人们酒依赖的比例最高。但是现在这种趋势正在变化（WHO 1993）。

烟草

合法精神活性物质的使用受到密切关注。烟草这种成瘾性物质就是其中的典型例子。根据世界卫生组织（WHO）估计全球大约有28%的成年人使用烟草。这个数字大大高于上述5%使用违禁药物的人口（UNODC 2006，p. 8）。尽管烟草的成瘾性低于一些其他滥用药物，但是它的医学上的有害作用更为严重，并且烟草很容易获得。

据估计，目前全世界几乎有13亿人口吸烟，大部分在发展中国家。烟草是成瘾性物质，每年有490万人死于烟草的慢性使用，相当于每两个吸烟者中就有一个因慢性吸烟而死亡。根据WHO报道，除高血压外，烟草是最重要的死亡危险因素（Esson 2004，p. 13）。

在20世纪，有一亿人口死于烟草，大多数发生于发达国家。如果延续目前的烟草消费模式，预期21世纪将会有十亿人口死于烟草，但大多数将发生在发展中国家。大多数的烟草公司将他们的势力扩展到南美、亚洲、东欧和非洲的发展中国家（Esson 2004，p. 13）。

根据WHO报道，烟草的消费已经达到全球流行的水平，其任何形式的存在都是有害健康的。亚洲、澳洲和远东目前为最大的消费群体，其次是美洲、东欧、前苏联经济实体和西欧（www. who. int/tobacco/statistics/tobacco _ atlas/en/）。WHO目前确定的五大烟草消费国家依次为：中国、美国、日本、俄国和印度尼西亚。

中国已经成为世界最大的香烟制造商（每年超过1.6万亿支香烟），并且香烟的消费量从1952至1990年增长了大约13倍，而同期人口仅增长了3倍。根据世界卫生组织（2003）报告，中国有超过3.2亿的吸烟者并以每年300万人的速度递增。15岁以上人群中，60%以上的男性和4%的女性吸烟。中国也为吸烟付出了惨痛的代价。每年大约 70 万人死于与吸烟相关的疾病，据健康专家估计，预计 2025 年该数字将达到 250 万。中国是全球烟草相关死亡率最高的国家。

中国和其他国家的一些烟草制造商和公司宣传吸烟有利于人们的健康以此来鼓励人们吸烟。一些烟草制造商的网站上有一系列的所谓吸烟对健康有益的宣传（WHO 2003）。最近几年中国政府实施了一些反吸烟活动，限制吸烟广告和禁止在公共场合吸烟，如果行之有效则可以拯救数百万人的生命（WHO 2003）。

跨文化和社会的物质滥用

文化价值观和传统理念不仅反映了一个国家民族的多样性，而且也反映了人们对获得和平和宁静的追求。随着通讯事业的迅速发展、滥用物质的可获得性和广泛传播，追求快乐的行为已经深深地影响了人们的生活方式。

欧盟。1999 年一项由欧洲药物和药物成瘾监测中心发行的报告称：15 岁的年轻人中有 1/5 的人尝试过大麻。更为明确的数据是居住在英格兰、威尔士、西班牙、爱尔兰和丹麦 16～34 岁的人中有 40％至少使用过一次该类药物。英格兰和威尔士人使用迷幻药、LSD 和苯丙胺的比例最高。

药物滥用逐日增加，英国、意大利和卢森堡已经成为最流行地带。欧洲每天大约有 20 人死于药物滥用，希腊和爱尔兰死亡率最高。此外，高达 5％的欧洲青年人至少服用过一次可卡因，西班牙和法国的比例最高。

令人可喜的是，大麻的使用量似乎已经变得稳定，甚至在某些欧洲国家可能会出现下降。而且，与西班牙静脉使用者当中 32％的药物相关性 HIV 感染率相比，英格兰和威尔士仅仅是 1％，(Globe 1999b, p. 10)。

在**越南河内**，鸦片是最为常见的滥用药物（Power 1996,

p. 37）。违禁药物可以在吸毒者聚集的私人住宅获得。对一组年龄 19～63 岁（平均 31.4 岁）的鸦片滥用者进行调查发现，注射鸦片的男女之比是 30∶1，绝大多数男性阿片注射者毒资来自合法和非法的活动，而女性则为性工作者（Power 1996，p. 39）。吸毒者聚集地被贩毒者控制，同时他们也控制着注射器的使用。绝大多数的注射者与他人共用注射器，他们之间甚至不认识。此外，吸毒者聚集处的绝大部分注射吸毒者都从一个器皿中抽取鸦片溶液，这些溶液来自不同的制品包括鸦片烟的黑残渣（"黑水"）。在如此糟糕的卫生状况下，共用毒品溶液和针头，传播疾病（例如 HIV）的危险是非常高的。

在**衣索比亚**，45%的调查者反馈说在 15 岁前就曾开始用过成瘾物质。物质滥用的主要因素按重要性排序（Selassie and Gebre 1996，p. 55）为：①容易获得；②忽视这些物质的有害作用；③渴望冒险；④同伴压力；⑤心烦和抑郁；⑥认为这些滥用物质可以提高精神的警觉性和思维的清晰度；⑦宗教仪式的需要。

在本研究中，流浪儿童滥用物质的原因是为了应付与流浪生活有关的沮丧、艰难和厌烦，失业人群则是将其作为一种消遣和发泄挫折感的途径（Selassie and Gebre，1996，p. 58）。使用频率最高的物质是**卡塔叶**（阿拉伯茶树）、酒精、烟草和大麻。卡塔叶可以随处得到，并且赠送给游客是表示友好的一种方式（Selassie and Gebre，1996，p. 56）。学生们在准备重要考试的时候，卡塔叶使他们的头脑和感觉变得敏锐。在一些商务会议上，卡塔叶帮助做出重要决定。卡塔叶还被认为是有价值的体育用品。酒精和烟草的消费程度也已经上升到令人担忧的程度。酒精消费的方式被看作是一个人社会地位或名气的象征（Selassie and Gebre，1996，p. 59）。

肯尼亚资深研究科学家 Mwenesi（1996，p. 65）说："传统文化价值和非洲社会制定的惩罚条例提供了药物获得、使用和消费的便利环境……在肯尼亚，饮酒通常是长者的特权——往往是男性长者”。在一项包括了97名健康工人和大量的物质滥用者的研究中，发现流浪儿童从使用烟草或汽油开始，然后是胶水直至大麻或是卡塔叶。然而成年人却在没有什么可以用的情况下，滥用汽油和胶水。在衣索比亚，卡塔叶不同程度地控制了整个国家，大麻的使用也很普及（1996，p. 71）。

以下是药物滥用的原因（根据重要性顺序）：①为了应付问题；②为了感觉舒服；③为了克服厌烦感；④为了得到力量和勇气；⑤寻找归属感。

学生为了应付学习而使用卡塔叶。“我们绝大多数人使用卡塔叶是为了保持清醒，我们都感觉我们得到了更多，但是之后会感觉非常疲倦，因此我们为了能够睡眠而使用 Toche 5（地西泮）（1996，p. 72）。”因为极易耐受，药物滥用在高等院校中已经非常普遍。

至于为何流浪人视药物为一种帮助，成年人和儿童的解释是：药物不是问题而是答案。他们说他们的主要问题是食物、住所、烦恼和疾病。“我们使用药物是为了能应付流浪生活，尤其是饥饿和寒冷。我们所有的流浪人都使用药物，如果你拒绝，你就要忍受饥饿，没有人可以依靠。我们的钱就是为了购买食物和药物（1996，pp. 72，73）。”

使用药物的传统方法是通过吸烟、咀嚼、鼻吸、吸入和饮酒，注射通常很少见。不法商人们拥有很多高超的运输药物的方法。对于贩毒者来说，运输大麻比较困难，因为其体积大且有很强的味道，因此同鱼或是绿色的成捆蔬菜一起运输（1996 p. 73）。

在**喀麦隆**，传统上违禁药物被用于文化仪式上，然后传播到普通的庆典。在一个 Bayangi 种族群体的秘密社会，用草药和水果混合调制成 ewimbwe，能够使他们识别150种符号，药物使用的另一种目的是治疗疾病。

大麻在传统医学实践中有着特殊的地位。医生利用特定的疾病来唤起灵魂；在其他时间里，病人用含有大麻的混合液洗浴驱走邪恶的灵魂。大麻还用来增强性欲或是作为洗涤剂防止尸体腐烂（Wansi 1996，pp. 85～86）。在喀麦隆，现在 91%的药物滥用者使用大麻、苯丙胺、可卡因、溶剂和地西泮（Wansi 1996，pp. 85 - 86）。

在一项人口学的研究中，依据药物使用者提供的信息，使用原因分为 3 组。第一组属于心理社会因素，例如认为药物滥用可提供刺激以增加勇气、赢得社会认可、提高性欲、忘掉烦恼。第二组是经济原因，一些人滥用药物是因为失业、烦恼或是为了响应广告。第三组是治疗学原因，例如相信大麻有超自然的作用，并且能够保护使用者对抗巫术，还能够提高他们成功的几率（Wansi 1996，p. 83）。

在过去，精神活性物质被用于传统舞蹈和宗教仪式，尤其在更老的一代人中。但是现在大麻被年轻人甚至儿童使用，原因是为了体验某种兴奋的感觉和增强勇气。在大多数的传统活动中，通常提供除了可拉果的树皮、树根或者其他刺激物外还有酒。另外，还有人相信饮用酒精饮料和吸烟是思想解放和时髦的象征。

在 2002 年，**以色列**某奶制品公司向市场推出一种含有 2%酒精的牛奶饮料叫 Xtramood，被誉为“由奶制品公司制造的世界上第一种含酒精牛奶饮料”，并且预期可以带来 100 万美元的收入，直到被卫生部勒令停产（Weiss 2002，p. 20）。

在**巴西** 1.5 亿总人口中，35%到 41%的居民年龄小于 15 岁。该国一共约 3600 万贫困儿童，年龄小于 19 岁的几乎占到一半，估计大约 700 万是被家庭遗弃或是离家出走。巴西药物滥用问题在穷人中更为严重的。高危人群主要包括流浪儿童、失学儿童和青少年以及贫困者。

对巴西 10 个大城市学生药物使用的调查显示：终生使用药物和使用药物的频率在升高，尤其在年轻的男性（10～12 岁）

中。男孩子更可能使用大麻、溶剂和可卡因，女孩子更愿意使用抗焦虑药和苯丙胺。不断恶化的生活标准、持续的经济危机和系统教育的缺少可能与药物使用增加有关，人们把药物使用作为一种逃离现实的方法。整个国家，只有巴西利亚市的药物使用在降低，这种现象只发生在女性和有良好预防和治疗药物滥用体系的城市。

流行病学研究发现精神活性药物滥用在圣保罗的年患病率是122‰（7.6%的男性和16.3%的女性）。随着年龄的增长，消耗量也在随之增加，并且生活标准越高，报道的使用量也越大(WHO 1993, pp. 59－80)。

土著人和药物滥用

世界很多地方的土著人群生活方式经历了严重的侵蚀。然而在他们传统的文化中，他们从不受酒精和毒品的有害影响，最近一段时间里他们不仅失去了他们的传统，而且还受到压制，他们的后代面对着惨淡的和不确定的未来。物质滥用（例如酒精）对澳大利亚人、本土美国人和其他土著人已经产生破坏性的影响，使他们丧失尊严。狱中服刑的许多人就是因酒精滥用而犯罪的。

本土年轻人，尤其是那些穷人，使用挥发性溶剂、吸入剂，甚至汽油引起躯体上和/或精神上的损害。

关于加拿大土著人物质滥用的模式和原因有很多推测，包括社会压力、心理应对策略、文化流失、挑战和厌烦。WHO的一项报告（1996, p. 39）提示在20世纪90年代，酒精、麻醉药、致幻剂都是加拿大土著人滥用最多的物质。城市生活的土著人中，酒精是滥用最严重的物质。最近几年吸入剂和汽油在儿童和年轻人当中的使用因后果悲惨而变得令人非常关注。

加拿大Nechi研究所是土著人自己的一个成功的研究机构，该机构依赖于文化价值和精神，重点关注传统仪式的再讲解和实践，这些被当地土著人认为是对公共健康和权利赋予必不可少的

(1996，p. 40)。

针对土著人的预防性项目中，理解他们的文化价值观、生命观和世界观是至关重要的。了解土著人社会生活特点对于解决酒精滥用和其他药物滥用的困境是非常重要的，以下是土著人社会生活的特点：

韧性：土著人拥有与生俱来的坚韧品质，具有忍耐苦难的传统。部落中亲近的血缘纽带和社会网络增强了他们的韧性。尽管如此，酒精和药物滥用已经对他们产生了破坏性后果。

文化复苏：文化活动和文化复苏产生凝聚力并且加强了恢复进程。

长者：部落中的长者们拥有丰富的经验和知识，而且德高望重。他们能帮助那些处于困境中的人。在加拿大的治疗中心，长者们探望那些被监禁的年轻人，主持仪式，担当顾问和知己的角色。

女性角色：在全世界的土著居民中，女性饮酒者少于男性，并且多数戒酒者是女性。女性担当增强部落力量的重要角色，在她们努力养育和照顾孩子的过程中，还需承受由酒精或其他滥用药物所带来的家庭暴力。尽管在一些国家女性参与酒类的生产，但在其他国家，例如澳大利亚，女性组织了强大的反酒类团体，在密克罗尼西亚，她们帮助制定严格的法律控制酒精的使用(1996，pp. 84－5)。

3

儿童和年轻人的药物滥用

父母不仅是孩子们的榜样，而且需要为孩子的成长提供健康的环境。孩子在生长过程中耳濡目染父母的行为，如果父母有物质滥用问题，将影响孩子的行为，使孩子沾染比较容易得到的物质，例如酒精、大麻和香烟。父母的影响和同伴压力已成为研究的重点。

最近加拿大一项儿童期预测青春期吸烟的研究非常有趣。Margaret Becklake 及其同事报道了他们对蒙特利尔学龄儿童的随访研究（2005，p. 377），他们发现那些童年期暴露于被动吸烟的儿童，在他们进入高中后更可能成为主动吸烟者。这些研究者发现研究组在儿童期唾液中的可替宁（一种对环境性吸烟摄取的测量方法）水平是一种青春期吸烟习惯有意义的预测器。在儿童期对被动吸烟中尼古丁的有效吸收导致他们可能更易寻求吸烟行为。青春期的高中环境和同伴压力可能促进了吸烟习惯的形成。

尽管还需要对这个发现做进一步的探索，但是为反吸烟的干预方案提供了线索，这也会对易感个体例如儿童吸烟者起指导作用。尽管机制不尽相同，但是类似的理论可应用到有酒精和大麻滥用父母的孩子身上。

流浪儿童和药物

1997 年 UNICEF 估计全世界大约有 1 亿流浪儿童。按区域划分，拉丁美洲有 4000 万，亚洲有 2500 万～3000 万，非洲超过 1000 万。尽管绝大多数流浪儿童有家或是夜晚不用露宿街头，但是据估计其中有 5%是被彻底遗弃的。绝大多数流浪儿童是男孩(71%～97%)，但是女孩由于性侵犯和疾病的传播例如 HIV/艾滋病（Drugs and young people, in UN 1997, p. 83)，遭受更严重的后果。发展中国家流浪儿童的年龄通常比发达国家更小。

尽管流浪儿童的现象不是什么新鲜事儿，但由于经济和政治变化、内乱、越来越多的家庭解体和自然灾害导致更多的儿童从农村、城镇流浪到大城市的街道。一些流浪儿童出生在大街上，生来就是流浪儿童，一些是来自不能养活他们的贫穷家庭，一些就是流浪家庭的成员，其他的一些由于成了孤儿而流浪。据 WHO（1993）估计，到 2015 年，非洲由于艾滋病将使 1600 万孩子变成孤儿。

露宿街头及相关生活方式使得流浪儿童更容易受到一系列健康和其他问题的影响，而这些问题在其他年轻人身上可能不会发生。造成他们流浪的相关原因包括：家庭破裂、武装冲突、贫穷、自然和人为灾害、饥荒、躯体虐待和性虐待、被成年人不当利用、迁移混乱、城市化和过度拥挤以及同化。影响流浪生活身体状况的相关因素包括：贫乏的卫生知识和意识、不良饮食、缺少住所、暴力行为、处境不稳定以及情感、社会和感觉贫乏导致的积极性较低。

流浪儿童使用药物可以在工作时保持清醒、对可能的暴力行为保持警惕、防止入睡、麻木身体或情感的痛苦、降低对食物的需求，这些药物的使用会增加健康风险并可能导致被不当利用和暴力行为。

流浪儿童通常使用廉价和易得的药物，例如工业区的溶剂、古柯产区的古柯膏和可卡因、鸦片产区的鸦片和鸦片制剂以及酒精、尼古丁、大麻和药物制剂等各种形式的吸入剂。发展中国家流浪儿童的境况并不像发达国家的“瘾君子”和“有毒瘾者”，在发达国家，他们常常是一些反社会人群或罪犯，他们使用多种药物和注射海洛因或其他药物。相反，发展中国家药物滥用的流浪儿童是友善的、快活的、慷慨的、富于想象力的，他们相互帮助。

在过去的十年里，吸入性溶剂和商业气溶胶已变得特别流行，尤其是在儿童和年轻人间。吸入剂滥用或“鼻吸胶水”由于易获得、价格低廉、效果强大而对儿童和青少年具有吸引力。流浪儿童对溶剂的滥用在拉丁美洲、非洲、中欧和东欧以及工业化国家例如澳大利亚、加拿大和美国广泛流行。在巴西和墨西哥溶剂滥用在儿童间作为仅次于大麻的最受欢迎的药物，滥用溶剂的儿童占到5%～10%。

发展中国家的城市正在快速变为贫困儿童过度拥挤的地区，陷入贫穷和药物成瘾的恶性循环。印度被认为是拥有全世界流浪儿童最多的国家，孟买、加尔各答、新德里，估计每个城市都有10万流浪儿童。这种现象导致少年犯罪率不断上升，已经达到3.1‰。流浪儿童把违禁药物使用看作是实用的生存手段和获得同伴尊敬的资本。药物本身为暂时逃离现实提供了一种便利方式(PEDDRO 1998)。

社会中的年轻人和药物

近几年，全世界青年人和年轻人面临的越来越多的生存压力和焦虑，导致违禁药物的使用者广泛增加（UN 1997，p.54)。绝大多数药物使用的流行病学研究提示违禁药物的消耗从二十七八岁开始出现下降，并且在29岁后很少有人再尝试使用药物。

很多研究提示初次使用药物的年龄和药物依赖之间存在关联(UN 1997，p.83)。药物使用开始年龄越早会导致后期使用其他药物的强度越大，品种越多（UN 1997，p.51)，对健康、教育和情绪发育产生更严重和更持久的不良后果（UN 1997，p.83)。一项调查年轻人开始注射药物方式的研究报告显示：首次注射的平均年龄是16.2岁，最常用的注射药物是苯丙胺（77%)。在这77%当中，有88%的人之前为非注射方式使用。另外，82.5%的人报告说在他们注射的同时，受到了药物的影响（UN 1997，

p. 66)。

世界银行声明尽管绝大多数药物使用者年龄在二十五六岁，但是平均起来药物使用者年龄落在 15～44 岁这个年龄段（World Bank 1993，p. 89）。然而在拉丁美洲，药物使用者年龄更小，为 12～22 岁。药物使用更可能发生在缺乏有效沟通和亲情的家庭，或者是那些赞成使用药物和已经存在药物使用者的家庭中。家庭暴力可能是导致青少年初次使用药物最为重要的因素之一（UN 1997，p. 78）。“一项巴西的关于高中生使用药物的调查报告显示，生活在有家庭暴力的家庭中的青少年使用药物的几率高于没有家庭暴力家庭的 5 倍以上（UN 1997，p. 52）。”

青少年违禁药物的使用常常与其他的冒险行为相关联，例如酒精滥用、性行为和更严重的不良行为（UN 1997，p. 83）。追求某种感觉（冲动、激动）和即时满足欲望的需求是促成初次使用药物的原因（UN 1997，p. 57）。Jessor 和 Jessor 的一项研究结果（UN 1997，p. 50）提示对使用违禁药物最易感的青少年具有如下特征：“他们具有自主性，对传统社会的目标缺乏兴趣，对社会有偏见，对异常行为更能忍受，很少获得家长支持，在朋友和家长期望之间缺乏兼容性，更容易被朋友所影响，并且更易受朋友怂恿而使用药物”。青少年与其家长（尤其是母亲）的关系是抑制药物使用最重要的保护性因素之一（UN 1997，p. 59）。

使用违禁药物的青少年给出了一些使用药物的原因：应对压力、抑郁、焦虑、孤独和生活混乱。其他的原因包括：好奇心、“我的朋友正在使用”和“似乎没有理由不用”（UN 1997，p. 49）。另一些青少年使用违禁药物的原因是他们认为使用药物是正常的。而正常使用药物是特定药物在规定的范围内使用并被社会认为是正常的，被普遍接受的，并受法律保护（UN 1997，p. 48）。苯丙胺类兴奋剂越来越流行，迷幻药的使用提供了药物使用“正常化”的例子。年轻的狂欢者认为口服（罕有注射）迷幻药是“正常的”、时髦的、安全的而且干净的（UN 1997，

p. 85）。然而如果放纵这种所谓“正常的”行为，社会就歪曲了正常的概念，并且赋予了其使用的权利，实际上迷幻药的使用是极其不健康的和有害的。

瑞典女王关于年轻人药物使用的讲话

1998 年 6 月 8 日，瑞典女王在由联合国发起的纽约会议上发表了讲话。该会议的举办是关于世界药物问题联合国大会的特别会议。在她的关于儿童、年轻人和药物滥用小组主题演讲中，她做了如下的评论：

……今天在这里我不仅仅作为一个国家的女王，更为重要的是，还作为三个孩子的母亲和作为非常关心目前年轻人所面临问题的人。我们所有人不得不共同面对的最为严重的问题之一是药物滥用。对我来说，部分问题是如何采取公众的立场支持无药物滥用的社会。

年轻人由于不同原因使用药物。一些人只是模仿他们的同龄人，为了显“酷”。这是真正的原因吗？失控的样子永远都不可能“酷”。

其他人有更令人关注的理由：为了减轻饥饿，为了忘记悲惨境遇，为了排除恐惧，为了应付青春期身体的变化，为了摆脱身体虐待和性虐待。在一些情况下，你可能会发现自己没有其他出路。但我相信还有许多其他的、更为积极和有益的方法来应对这些问题。这就是今天我站在这里的原因……

……能够开始的也一定能够停止……

……尽管政府作出了大量的努力限制违禁药物的供应，但是违禁药物还是从没有像今天这么容易获得。这就是为什么我坚信，假如我们要达到药物滥用不再是问题这样一个阶段，我们就必须确保需求的大幅度减少。这样你能够做的仅是提供替代药物滥用的积极方法，帮助人们应对和拒绝药物供应，帮助他们填满空虚的精神……

……那些已经尝试过药物的人，会发现使用药物尽管可以得到短暂迅速的满足，但是药物对需求或问题不能提供一个长期的解决方法。它们可能掩藏了一些症状，但背后的原因依然存在。一些人宣称使用药物是选择自由的问题。沉醉于药物提供了一个逃离现实的机会，但是，这也意味着为了生活中美好事物，为了自己的幸福，为了孩子和家庭的积极发展的奋斗成为生活中次要的事情。如果一个人选择逃避而不是面对日常生活问题——那么药物就提供了一条逃避之路。对我来说这不是自由。绝对不是！恰恰相反……

……我认为使用药物的儿童和年轻人日益增加的事实，提醒了我们作为成年人和家长的责任。全世界不同国家的年轻人告诉我们，使用药物是他们感觉自己不属于他们所生活的社会的一部分的事实的表达。

来源：Renate Bernadotte née Sommerlath. 关于世界药物问题联合国大会特别会议上的讲话，联合国，1998 年 6 月 8 日。

尽管青少年会尝试使用一段时间的违禁或合法物质，但是绝大多数并没有真正变为药品依赖者，而是最终戒掉了药物。家庭、学校和同龄群体之间的联系是很重要的。那些与家庭和/或学校有非常积极联系的青少年很少会与使用药物的同龄群体建立联系。而那些脱离家庭的青少年是使用药物的最危险人群(WHO 1993)。

青春期是发展应对策略和技能的重要时期。这个过程依赖于拥有积极的关系、学习技能的机会和远离无法抵挡的应激源。如果一个年轻人有机会学习有效的应对策略，当遇到应激情境时他或她几乎不可能会选择使用药物作为应对策略。这些技能可能是心理认知的，也可能是行为的。认知技能包括自信和自控。行为技能包括解决问题能力、判断能力、沟通技巧、社会网络、处理好工作和休息的能力（WHO 1993）。

儿童、年轻人和酒精

未到法定年龄的饮酒现象受很多因素影响，包括父母的态度、同龄人和媒体的影响。酒类广告是影响青少年的一个公认的因素。拥有大量年轻读者的流行杂志也会为酒类公司做酒精饮料的广告。年龄12～17岁的年轻人开始饮酒的平均年龄是13岁（Globe 2004b，p. 11）。男孩和女孩开始饮酒年龄的差距正在缩小，现在几乎已经消失。13岁开始规律饮酒的儿童变成嗜酒者的可能性是那些直到21岁或更晚才开始饮酒孩子的4倍（Globe 1998，p. 8）。

酒精的消耗作为一种"药物的选择"在美国和欧洲已经在上升。根据国家研究委员会/医学研究所（Globe 2004a）的发现，在美国年轻人中酒精是使用频率最高的药物（比烟草和大麻更为频繁）。每天，有7000名年龄低于16岁的孩子开始了他们的第一次饮酒。下面是记录的观察结果（Globe 2004a. p. 10）：

- 1/5的8年级儿童在饮酒。
- 1/5的年龄在12～20岁的青少年存在狂饮现象（每次喝5杯或更多的酒）。
- 绝大多数的孩子醉酒：超过90%的酒精被12～20岁的狂饮青少年所消费。
- 在美国每天有三个青少年死于酒后驾驶，超过六个人死于酒精相关的其他原因。
- 狂饮的青春期少女比例已经上升到63%，并且她们更可能成为少女妈妈。
- 每年美国用于解决未到法定年龄青少年饮酒者的医疗护理、生产力丧失、缓解疼痛和痛苦的资金达到530亿美元。

药物和无防御能力的受害者

每个人因为价值观和生活方式的不同，都可以选择接受或拒绝关于药物和酒精作用的医学知识。他们为自己做决定并且承担后果。但是谁会为那些在世界上没有发言权、无权为自己做决定、完全依赖生养他们的人的生活方式和习惯的孩子说话呢？这些人就是未出生的孩子们，是酗酒或吸毒成瘾父母的没有任何防御能力的受害者。他们没有意识或者说不知道会承受什么事情，未来会遭受到什么样的痛苦，即使他们知道药物的不良作用，他们也不可能反对。他们不包括在统计数字内，但是在出生前就被划入到弱势群体的那部分人群。

1. 对胎儿的影响

> 据报道（Herrington 1980，p. 3），海洛因成瘾者的孩子几乎 50% 出生低体重，常常是早产儿，这种状况在正常人群中大约 10%。除了脑瘫、智力缺陷、致死性畸形、情绪障碍、视觉和听觉缺陷发生率增高外，低体重儿的死亡率是正常体重婴儿的 40 倍。他们发生呼吸窘迫综合征（包括新生儿窒息）、低血糖、贫血、感染和其他疾病的危险更高。

据估计在 1980 年，美国大约有 12.6 万育龄期女性是海洛因使用者。这个数字不包括其他物质滥用者（Herrington 1980，p. 3）。根据国家药物滥用研究院报告，1977 年美国至少有 4742 名婴儿由成瘾的母亲生产（Herrington 1980，p. 3）。这说明在世界上最工业化、最先进的国家，母亲们“子宫污染的”程度。尽管任何物质通过胎盘取决于若干要素，包括胎盘血流和药物的代谢过程，但是分子量是很重要的，分子质量小于 600 的化合物能通过胎盘并且到达胎儿体内（Ling and Boutle 1979，p. 10）。许多滥用的物质，例如酒精、麻醉药、巴比妥类及镇静剂都能通过胎盘，对胎儿的健康构成威胁。

已知孕期使用大麻对胎儿有毒性影响。动物实验显示胎盘聚集 THC（大麻提取物）的程度高于胎儿组织。然而胎盘释放这种物质进入胎儿的过程缓慢。因此，胎盘具有双重作用，一个是保护性屏障、另一个是 THC 贮藏库的作用（酗酒与药物成瘾研究基金 1981）。大麻相关的物质能分泌到乳汁。此外，由于 THC 对脑的重要作用，减少了催乳素分泌，损害泌乳。因此，可能发生新生儿营养不良，导致体重减轻和骨骼生长延迟以及新生儿死亡率增加（酗酒与药物成瘾研究基金 1981）。是否随后的几年还有出现其他发育障碍目前尚不清楚。

联合国维也纳国际中心麻醉药品司主任 George Ling 写道："生来就是个麻醉药的瘾君子，可以肯定地说，是来到这个世界最残忍的途径之一；然而海洛因依赖母亲生产出这样命运的婴儿越来越多"（Ling and Boutle，p. 10）。

20 世纪 70 年代最著名的研究进展之一是发现了酒精对妊娠的影响。那时研究者们确认了"胎儿酒精综合征"在慢性酒精成瘾的母亲中存在。据报道，这种综合征影响了 1/2000 至 1/300 的婴儿，具有产前和产后生长迟缓、神经系统异常（精神发育迟滞、协调能力差、多动）。研究结果还发现存在其他异常，包括小头畸形和眼、耳、口、骨骼肌缺陷，骨骼和循环系统缺陷（Sokol 1981）。此外，由于在孕期酒精使用过度，报道有自然流产（流产）发病率高、先天异常、低出生体重、宫内发育迟缓、新生儿抑郁和其他异常等不良反应（Sokol 1981）。

据估计，美国怀孕期间大量饮酒妇女的比例从 2%至 13%不等（Sokol 1981）。酗酒越严重的妇女，生产出胎儿酒精综合征孩子的风险就越大。所有这些给社会提出挑战，尤其给育龄妇女提出挑战，对那些怀孕时使用酒精的妇女更是一种挑战。此外还有一些迹象表明，酗酒的父亲在胎儿异常的发生中也起作用。然而，这个领域的研究工作仍处在进行当中。酒精是通过影响男性精子或者通过遗传传递，确切机制还不清楚，但是双亲都是酒精中毒者的孩子，发生先天性异常的危险更大。

2. 对母乳喂养孩子的影响

大自然提供给婴儿健康、纯净、理想的营养物质——母乳。然而，这种理想的营养物质，不能对母体摄入的药物和酒精的毒性产生免疫。化学污染的程度不仅依赖使用药物的数量而且还依赖它们的蓄积作用，例如：有证据提示摄取过量酒精可能会影响乳汁，并且造成婴儿酩酊大醉（Ananth 1978）。

尽管目前的医学知识没有发现母亲适量饮酒会对母乳喂养的婴儿产生有害作用。对于精确测试一个正在生长的婴儿的脑细胞对母亲乳汁中酒精的反应，现今医学技术还没有足够敏感的测试方法。值得肯定的一点是母乳中酒精浓度与外周血酒精浓度类似（Ananth 1978）。

吗啡和海洛因也可伴随乳汁分泌。已经药物成瘾或者是规律使用这类物质的哺乳期母亲很可能将孩子养育成一个药物依赖者。医学经验表明海洛因成瘾的哺乳期妇女，突然戒断药物，戒断症状不仅在母亲身上出现，母乳喂养的婴儿也会出现，成瘾的母亲再次用药会改善婴儿的戒断症状（Ananth 1978）。对麻醉药品如吗啡和海洛因依赖的孕妇体内的胎儿，在出生后因为这时麻醉药不再通过胎盘传给他们，面临着急性戒断症状的威胁。除非主管医师了解这种状况，并做好了干预的准备，否则后果会非常严重。根据母亲药物依赖程度的轻重，婴儿的戒断症状可能是轻度和暂时的，但也有可能是严重甚至威胁生命的。哺乳期麻醉药依赖的母亲在断奶时需要采用循序渐进的方法以避免孩子出现戒断症状。

4

父母酗酒对儿童和青年的影响*

家庭是人类社会生存的基础和源泉，是国家的组成体，家庭的变化是社会变化的反映。家庭作为一个系统，受环境、生物、心理社会和精神因素的影响。它按照社会文化标准和价值观发展。要理解父母酗酒对孩子和家庭的影响，我们需要了解家庭生活的本质和发展以及家庭中每个成员的需要。酒精和药物滥用不仅仅是一个医学问题，它反映了一个人心理和精神危机。每个家庭创造着自己的文化和行为模式。家庭提供了孩子学习生命第一课的环境，家长的行为被当作行为模式来学习。孩子对酒精消费持可接受和认为是健康的观点，还是完全反对的观点，就是在这个时期形成的。

家庭纽带的中断和与父母关系破裂致使家庭更容易受到药物和酒精的干扰。

家庭和酒精中毒

加拿大的一项研究发现，生活在单亲家庭或再婚家庭的青少年表现出危险行为的风险更高。与那些同亲生父母一起生活的孩子相比，这些孩子吸烟的可能性为 7 倍、使用大麻的可能性为 5 倍、使用其他药物的可能性为 8 倍、出现违法行为的可能性为 4 倍、醉酒行为为 3 倍（欧委会 1998，p. 16）。

---

* 本章节的原版本是 A－M. Ghadirian 和 N. Ghadirian 出席药物滥用世界论坛会的演讲，2002 年 9 月，蒙特利，加拿大。

据报道（欧委会 1998，p.17），在英格兰，儿童期经历父母离婚的孩子在晚些时期都会陷入酗酒或问题饮酒。与婚姻美满的夫妻相比，所有年龄段的男性和女性离婚者均有更高的患病率和死亡率。

根据欧委会的报告，有问题的饮酒可以扰乱家庭内劳动和责任的分工架构。当一个家庭成员，例如父亲开始酗酒，他可能终止履行负担的家庭职责。结果，他的职责被配偶或是家庭内其他成员来履行，有的时候甚至无人履行。

酒精问题也能影响家庭的社交活动，特殊事件例如生日或是周年纪念由于害怕被嗜酒双亲干扰而不能举办。在这样环境中，家庭生活变得不可预料、充满恐惧和尴尬。在这种不正常的家庭中，除了家庭暴力和家庭虐待经常发生外，夫妻冲突也时常发生。事实上，家庭酒精问题是家庭暴力的一个重要预测器（欧委会 1998，p.21）。

酗酒双亲的影响

滥用酒精和其他药物导致家长对孩子照顾不够细心，也使父母责任感下降，尤其是母亲。酗酒对母子关系和孩子的发育都有不利影响。酗酒父母的孩子更易于发生意外和行为障碍。在这些家庭中，更有可能发生家庭暴力和反社会行为。酒与家庭关系具有双向性：饮酒影响家庭生活，家庭冲突本身导致饮酒问题（图2）。有迹象显示，双亲酗酒的孩子患情感虐待、性虐待和其他身体虐待的风险更大。由于父母饮酒和虐待导致婚姻破裂是很常见的现象。嗜酒者孩子的心理卫生常常被忽视。殴打配偶以及其他形式的虐待可能因为害怕报复、被抛弃或家庭破裂而没有得到报告。酒精对胎儿的影响（胎儿酒精综合征）已经很明确，这些孩子在发育过程中表现出心理和生物学上的异常。

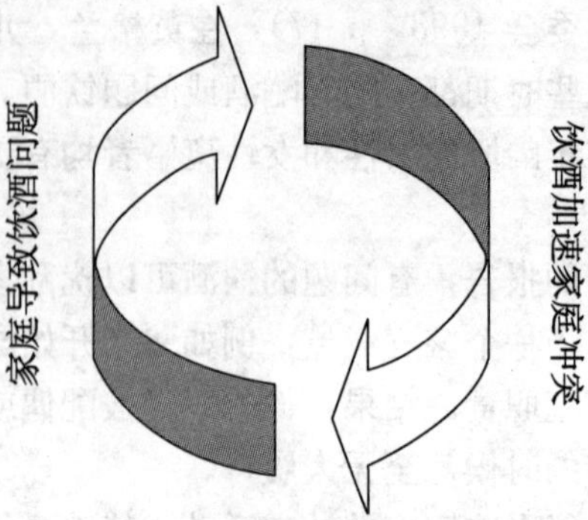

图 2　双向性

遗传易感性

在酗酒的生物学方面，遗传起很重要作用。遗传学研究结果表明尽管遗传因素促成酗酒的发生，但在遗传传递中存在可观的变异；一些酗酒者的孩子并不一定发展为酒精依赖。因此，其他因素例如心理社会因素和环境因素可能影响孩子对酒精依赖的易患倾向。不是酒精依赖本身遗传给嗜酒者的孩子，而是酒精依赖易感性被遗传下来。家长酗酒的家庭，孩子成为酗酒者需要一些诱发因素激发其易感性。这些诱发因素有很多，如夫妻冲突、家庭暴力、父母亲的过世、分居或是离婚、酒精易得、家庭中有药物滥用史等。

酒精和妊娠

在孕妇体内的酒精通过胎盘进入胎儿体内。婴儿出生后，酒精通过乳汁进入婴儿体内，此时婴儿尚处于非常脆弱的阶段。据估计，一天饮酒 3 杯的孕妇生产出患有胎儿酒精综合征孩子（FAS）的几率大约为 10%。如果日饮酒达到 6 杯，这种概率会升至 33%（DuPont 1984，p. 111）。酗酒女性的孩子不仅有低出生体重危险，而且还有心脏功能缺损、神经系统损害和学习能力缺失的危险。胎儿酒精综合征的特征是生长缺陷、运动功能发育不全、易激惹和精神发育迟滞，这些可能发生在出生前并且贯穿整个儿童期（DuPont 1984，p. 111）。这些孩子也可能表现出多动症的趋向。

有酗酒问题的家庭容易产生功能异常的孩了。例如：酗酒者的孩子比正常家庭的孩子发展成为酒精依赖的危险高 4 倍。在一项关于 408 例成年的酗酒者孩子与正常对照匹配的研究中，Mathew 等（1993）发现，酒精依赖者的男孩较女孩表现出更高比率的酒精和药物滥用与反社会症状。父母是酗酒者的男性较那些父母不是酗酒者的男性酒精和药物滥用的诊断率明显高。另一方面，父母是酗酒者的女性较那些非酗酒父母的女性更多地表现出焦虑障碍。

酗酒父亲的儿子比女儿发展成为药物滥用者的几率更高，并且显示更多的反社会行为。另一方面，女儿患广泛性焦虑障碍的几率更高。酗酒者的孩子成年后恐惧症、广泛性焦虑症、惊恐障碍和广场恐惧症的患病率显著高于那些非酗酒双亲的孩子（1993）。

因此，饮酒成为世界上很多国家一个主要的健康和社会问题。10%～15%的美国人酗酒，2800 万～3400 万儿童是酗酒者的孩子（1993）。

在对 206 名蒙特利尔高中生的研究中（Ghadirian 等 1986）我们发现 18.5%的学生家庭中有一个严重酗酒的成员。14%的学生报告他们的父亲是“大量饮酒者”，而 13%表示他们的母亲正在使用“神经药丸”。大量饮酒的双亲和他们正在使用苯丙胺的孩子（占全部苯丙胺使用者 10%）之间存在正相关关系。

儿童虐待和忽视

酗酒者的孩子可能遭受父母忽视、身体及性虐待的危险更高。根据酒精滥用或长期饮酒的历史的不同，虐待儿童的发生率也有差异，从 4% 到 43%。在北美印第安人当中发生率更高（100%）（Zeitlin 1994）。

酒精的使用导致个人自控力丧失。由于年龄小和没有防御能力，儿童经常是有虐待倾向的酗酒父母的牺牲品。母亲饮酒不仅损害其作为母亲的处理日常事务的责任，而且也损害其保护孩子的作用。在这种情况下，父女乱伦可能成为事实。很多乱伦受害者也是酗酒者，并且是早年即开始饮酒的女性。但滥用酒精本身并不构成乱伦或其他虐待的特定原因；还要考虑到许多其他的因素，诸如父母人格障碍、社会经济环境和文化态度（Zeitlin 1994）。

尽管父母酗酒通常与家庭暴力、分居或者离婚有关，但是应该考虑到其他原因可能首先成为促成父母饮酒的因素，例如家人的亡故、工作压力和失业、人际冲突、充满竞争的生活方式、情绪障碍和性格障碍等。

父母酗酒给儿童造成了很大的压力、恐惧和不确定性，孩子觉得在家中得不到保护并对走向社会应对外部应激源毫无准备。因为孩子对酗酒父母的保护能力丧失了基本的信任，会产生不安全感和危险感。除非健康的配偶能有效弥补酗酒一方的不足，否则会导致家庭生活的解体和父母照顾的退化。然而，这种家庭的孩子，有时出于需要在他们之间可以发展出新的关系以互相保护。

酗酒者的孩子出现法律问题、反社会行为史（尤其在男性中）以及抑郁症发病率（尤其是女性）较高，发生焦虑和多动障碍的几率也很高。他们自尊低下并且对酒精更敏感（Zeitlin 1994）。

孩子对酗酒家长的看法

在欧委会提交的报告中（1998），酗酒家庭（单亲或双亲是酒精依赖者）孩子的陈述如下：

- 爸爸每天都喝醉，他打我和妈妈……有一次他打断了我的胳膊。如果我有瘀伤他就不让我去上学。他说如果我们告诉任何人，就杀了我们……我吓坏了……事情越来越糟糕了。（女孩）
- 爸爸经常饮酒，还打妈妈，上周我服药了，想死。我不能告诉妈妈，这只会增加她的麻烦……都是我的错（女孩）。
- 请别让我妈妈戒烟……我宁愿她抽烟也别喝酒。（有胎儿酒精综合征的男孩）
- 有时候真的很难。我不能离家出走，因为当我遇到麻烦的时候没有人可以让我寻求帮助。（男孩）
- 我哭了……她（母亲）说，她要戒掉了，但从未兑现。（女孩）
- 如果别的家长知道我爸爸酗酒，他们可能就不会让他们的孩子和我一起玩了。（男孩）
- 妈妈说爸爸又喝醉了。爸爸却说他没有……我被搞糊涂了。我试着更加努力去搞明白。（Tasha，7岁）

（欧洲委员会，1998，p. 6）

家长对自己和他人的饮酒问题的看法

同一个报告（p. 7）报道了以下内容：

- 我觉得我需要对一切负责。我经常谴责自己选择了这个丈夫，对我的孩子造成这种不良的影响。（妻子）
- 他宁愿失去家庭也不愿意戒酒。他不再爱我们，我发现我在怀疑他曾经做过的或我们在一起的所有生活是一个谎言。我

觉得悲哀、恐惧和愤怒。（妻子）

- 我觉得失望，我无法应付。我感觉她已经放弃了我们结婚时的所有誓言——放弃了孩子和一切。（丈夫）

关于问题性饮酒：

- 我强迫自己相信，当我带着儿子踢足球的时候，自己是一位好父亲。现在，我承认是在找借口去喝酒……他（指儿子）不止一次发现我醉倒在地板上不省人事。我不知道对一个孩子来说看到他的父亲这个样子意味着什么。（一位父亲，正在戒酒）
- 来电者称，他看到一名穿着上衣、裤衩和短袜的两岁孩子在街上徘徊。来电者问他家住在哪里，孩子带他到一个距离200～300码（1码＝0.9144米）远的房子，房屋前门开着，房间里充满香烟烟雾和酒精的味道，一个男人和一个女人睡在沙发上。这个孩子走到女人面前，摇晃着喊她"妈妈"。她却说"滚开"。（一个邻居）
- "我最深刻的童年记忆之一是恐惧，我父亲是一个身材高大的男人并总是很愤怒……他喜欢坐着喝酒到深夜。我和哥哥、姐姐都害怕被殴打……"（Tim，53）

有趣的是，儿童性虐待可能与父母酗酒行为有关系，研究还显示，尤其在妇女中，儿童期性虐待与后来生活的问题性饮酒相关。然而，值得注意的是，并非所有酗酒父母的孩子都会出现行为问题。

酗酒和家庭动力学

家庭不仅是一个神圣的机构，还是一个学习和积累生活经验的地方，如同一个车间。一个健康的家庭是有动力的、有交流的、互相照顾和充满爱的环境，这样的环境鼓励孩子学习技能，以处理好生活并能应付生活的挑战。

有多种形式的成瘾，尤其是酗酒，对家庭生活的稳定和发展过程有不利影响。探究和理解有成瘾者的家庭中人与人之间的关系是非常重要的。内疚感和对家庭的依赖在家庭关系动力学中起重要作用。

就个性而言，已经注意到一个有成瘾问题的家庭中，母亲的态度往往是放纵、过度保护和宽容（D'Agnone 和 Basyk 1989），而父亲有两种对立的特征：要么是茫然、有隔阂的、孤立的；要么是暴力的、专制的。儿子常常被宠爱着，孩子往往被简单应付（D'Agnone 和 Basyk 1989）。

家庭关系的平衡常常困扰着成瘾者。例如：如果一个儿童或青少年是成瘾者，父母应尽可能团结，并对孩子尽力指导，抛开他们自己的个人冲突。然而，当孩子有所改善时，父母之间可能会恢复之前的冲突甚至离婚。另一种情况是父母中一个人可能会变抑郁，而另一个由于精神紧张出现病症。同样，兄弟姐妹对待这件事情可能带有情绪化。家庭关系的这种不平衡可能会使问题儿童感到内疚。这个孩子可能因此继续用药来修复家庭平衡，这样的循环可能会持续下去（D'Agnone 和 Basyk 1989）。为了治疗家庭成员的成瘾问题，需要认识家庭动力学，其目的是实现父母-孩子之间的和谐关系而避免物质滥用。如果这样的发展取得成功，那么家庭就变成具有自我调节治疗作用的环境。在这样的家庭中，父母关注孩子的心理社会发展程度更高，彼此之间相互关心和共享的程度也更高。

除了社会文化力量，家庭的经济状况可能与后代饮酒相关。一项研究发现，美国家庭高经济状况与青少年饮酒行为正相关。但是，将这个发现与日本类似家庭做比较，相关趋势正好相反（Chassin 和 Barrera 1991）。

在一些有酒精或药物成瘾父母的家庭中，儿童可能被迫过早进入到成年早期角色，担起关心和保护弟弟和妹妹的责任，甚至有可能照顾他们有成瘾问题的父母。他们被剥夺了获得适当的父母照顾和教育的基本权利。面对贫穷中生存的压力，使得这些孩子不得不做卑微的劳动或参与运输毒品或卖淫，以获得收入供养他们丧失能力的父母和他们自己。那些拒绝接受家庭里如此沉重负担的儿童，可能会离家出走，结果只能是面对另一些形式的虐待和进入另一个充满暴力的世界。

预防

与通常的观点相反的是，不仅成瘾者需要支持，对所有家庭的情感需要和健康需要也应给予高度重视。一个家庭成员的酗酒问题，不仅是个人问题，而是一个家庭问题。社会必须深刻意识到这个问题，去了解父母酗酒的性质和后果，并培养人们应付生活压力的能力。家庭应当成为对酗酒成员有治疗作用的环境，在这里他们不是被疏远或远离，而是被关爱、沟通和理解。家庭内的爱与团结可以赋予家庭成员力量，通过关心和恰当的治疗方式，共同认识和面对问题。预防性教育是一个多层面的过程，它需要深刻认识到酗酒的惨痛后果，并发展心理和精神的洞察力和能力，防止成瘾行为。

5

性别和物质滥用

尽管众所周知所有形式的药物滥用均是男性多于女性，但最新资料表明，女性的药物问题令人担忧，这一现象还没有出现在官方的统计数据中。妇女往往是男性药物滥用者的妻子、姐妹、母亲或女儿。通过担任教育和提供家庭支持的传统角色，女性可以避免男性遭受药物滥用带来的后果。因此，这些妇女遭受压力的挑战，她们尽力来应付面对的一切，可能会使她们自己陷入到酒精或药物滥用的深渊（UN 1997，p. 79）。在这种功能失调的家庭中，为了在暴力和贫穷中生存要不断挣扎。面对充满恐惧和绝望的不健康环境，再加上得到药物的强烈需求（如可卡因或海洛因），可能迫使她们成为贩毒者或去进行性交易和卖淫。

女性和物质滥用

越来越多的妇女已参与到使用药物的行列，在一些国家也参与药物的种植、生产，甚至运输这些物质。例如：在亚洲，妇女是鸦片的主要收割者，而在南美洲是古柯叶的主要收割者（UN 1997，p. 82）。

妇女使用非法药物的可能性比男性低，但更有可能出于医疗和非医疗目的滥用安定剂、镇静剂和止痛剂（UN 1997，p. 81）。长期使用安定剂者三分之二是女性，其中三分之一年龄在 64 岁以上（Mellinger 等 1994 年）。这种趋势是世界性的，并且呈增长趋势。在危地马拉，妇女使用镇静剂的可能性高于男性 5 倍；在巴西，开给女性的精神活性药物处方比男性多两倍（UN

1997，p. 81）。在牙买加，35 %的妇女使用止痛片，而男性只有18%（UN 1997，p. 82）。Guttemand 的研究报告，在北美地区医师给 60 岁以上女性开精神活性药物的可能性较同年龄组男性高 2. 5 倍（UN 1997，p. 81）。

女性和危险因素

社会经济、父母使用药物、童年经历、朋友影响和冲动控制缺乏等因素已被认为是药物滥用的危险因素（UN 1997，p. 52）。然而，男性和女性之间药物滥用危险因素不同。并且，创伤后应激障碍（PTSD）更常见于有药物滥用问题的女性而不是男性。共发精神障碍（特别是抑郁症）、非法药物使用和进食障碍在女性当中相对高发（M. D. Stein et al 1997）。进一步调查研究表明，女性童年期性虐待与药物滥用有关（Hurley et al. 1991；Rohsenow et al. 1988）。一些研究表明，接受药物滥用治疗的女性中高达 70%报告有躯体和性虐待史（NIDA 1993）。酗酒女性在童年遭受毒打或被性侵犯的几率是不酗酒女性的两倍（Winfield et al. 1990）。

横向研究证明，有进食障碍的女性（包括神经性厌食症和贪食症），滥用酒精及其他药物的比率高于一般女性人群报道的数据（Beary et al. 1986，Kassett et al. 1989）。

越来越多的证据表明，药物滥用和成瘾对男性和女性的影响不同。女性通常因为男性药物成瘾者开始使用药物（UN 1997，p. 80；Anglin et al. 1987）。不过，有数据显示，女性对很多违禁药物形成依赖的速度比男性更快。这种现象已在女性阿片类成瘾者、可卡因成瘾者和酗酒者身上得到了证实（ Kosten et al. 1986；Griffin et al. 1989；Anglin et al. 1987）。短期大量使用药物后的严重并发症对女性也产生不同的健康危险（Piazza et al. 1989）。对所有年龄段的女性和男性来说，合并使用酒精与精神活性药物都会产生严重的健康危害。

女性是药物滥用相关疾病的高危人群，如肝炎、结核病和性传播疾病（UN 1997，p. 94）。尤其是梅毒与快克的使用有关(R. A. Stein et al. 1997)。一些研究显示，乳腺癌、骨质疏松症和月经失调在酗酒女性中更普遍。由于身体里肌肉、脂肪和水所占比例男女不同，女性发生与酗酒有关的肝脏疾病更快并且对于酒精的耐受更差（NGO World Forum 1994，p. 10）。

女性药物滥用最具灾难性的后果之一是感染人类免疫缺陷病毒/艾滋病的危险。世界许多地区，药物注射和人类免疫缺陷病毒传播之间的关系已经得到高度重视。女性通过使用污染的针头注射药物或通过与患有艾滋病的药物使用者性接触，更容易感染艾滋病毒。一份北美的研究报告显示，9071 名患有艾滋病的女性中 61％的人注射药物，其中 22％的人性伙伴也注射药物(NGO World Forum 1994，p. 10)。高达 46％的女性艾滋病患者直接归因于药物注射……（NIDA 1993 年）。70％的艾滋病病毒感染女性有药物使用史（M. D. Stein et al. 1997）。因为从男性更容易传递给女性，女性感染艾滋病的风险越来越高。

孕期的危险因子

女性药物滥用特别令人关注的一个方面是在怀孕期间使用药物。据估计，孕期药物滥用的发生率从 0.5％到 25％不等，这取决于药物检测方法的识别度和筛查强度（M. D. Stein et al. 1997）。研究表明，孕妇使用药物会增加自发流产、早产、异位妊娠、死产和低增重儿的风险。她们的新生儿可能发生出生低体重、头小和先天畸形等风险（M. D. Stein et al. 1997）。

酒精很容易通过胎盘进入血液循环，并影响子宫内胎儿的发育，甚至在出生后通过哺乳影响婴儿。由于母亲饮酒问题对神经系统和行为的损害持续存在，所以出现胎儿酒精综合征的可能性更大（见上，第 3 章）。

社会的耻辱

毒品对女性的危害可能比男性更严重。女性较男性发生酒精相关问题的危险可能更高，如严重的肝病。此外，相比之下，女性消费水平较低（见上，第 3 章）。而且，药物滥用的女性比男性更有可能被责难，因为她们的行为被社会认为是“双越轨”，偏离了社会标准（滥用药物不为社会所接受）和偏离女性作为妻子、母亲和家庭教育者的传统角色（UN 1997，p. 80）。规律性滥用药物的女性倾向于被非使用者所孤立，尤其是从事性交易的女性，进一步被社会疏远。美国的快克/可卡因市场与性滥交、性交易贬损和性虐待相关（UN 1997，P. 82）。

性别和治疗机会

与男性相比，接受治疗的女性药物滥用者更有可能出现情绪抑郁，会遭遇到更多的来自家庭和朋友的反对，要付出更高的心理社会代价（Allen 1994）。另外，这些女性为了得到治疗，不得不面对各种其他障碍（UN 1997，p. 80）。例如，与男性相比，她们更有可能贫困、没有保障（M. D. Stein et al. 1997）。而且，药物成瘾的母亲更有可能单身、分居或者离婚，经常缺乏社会支持、住处和经济保障。由于害怕医学权威会因她们的药物滥用而剥夺她们的监护权，所以她们可能决定不接受治疗（UN 1997，p. 80）。

总的来说，女性开始药物滥用的年龄要晚，例如：开始使用酒精的年龄比男性相对的晚，并且女性寻求治疗的年龄要比男性早（Schukit 1995）。然而，药物和酒精滥用的性别差异不明显。虽然成年女性使用酒精、香烟或违禁药品少于男性，但是青少年男孩和女孩的药物使用情况非常相似。在青少年期，女孩和男孩第一次饮酒和使用违禁药品的年龄基本上一样。目前，对于女性药物使用增加的普遍解释是全球性社会和文化的进步使女性角色由传统的作为母亲和家庭主妇转向家庭经济支柱，在以男性为主导的世界获得了解放和平等（UN 1997，pp. 79－80）。

妇女和酒精依赖

根据 Schukit（1995）的研究，家庭成员和朋友很难容忍女性酗酒或者滥用其他物质，而对男性滥用者却能忍受，特别是在发展中国家。因此女性可能隐藏她们问题的严重程度。

那些发展成酒精依赖的女性很可能有一个酗酒的丈夫，或者有家庭破裂，精神药物治疗等问题。因为男性酒精依赖者比女性多（是女性的 2 倍），女性酒精依赖者有酗酒的丈夫的可能性就很大。事实上，经验表明，一个在父亲酗酒的家庭中长大的女性更有可能会选择一个酗酒的丈夫或伴侣。在这样的家庭中，药物滥用的男性成为“无所事事的男性”，家庭的经济重担就落到女性肩上，她们除了要负担家计外，还要照顾孩子和家。在配偶是药物使用者的家庭里，用来支付教育、衣服、食物和住所的钱被用来购买药物，家庭开始破裂。在母亲酗酒的单亲家庭，抑郁和经济困难使生活和儿童照料更加复杂。

让曼尼普尔区远离酒精

女性是遏制酒精滥用的主要力量。根据 1992 年的研究报道（Bedi，p. 1），在印度东北的曼尼普尔区：

> 女性在夜间戒酒巡逻，任何男性如果被发现饮酒，那他就会陷入麻烦。他会被剥光衣服，涂黑脸部，绑在驴背上游街，之后被锁起来并且许诺再也不喝酒。第二天上午，他就会被移交给警察，最后与威严的 Nupi Lan 或者“妇女战斗协会”的志愿者合作，这些志愿者在数十年的禁酒运动后，成功地促使曼尼普尔区政府对酗酒明令禁止

(1991年4月)。

非法的粮食蒸馏造酒从那时起不断的增加，因此Nupi Lan巡逻队开始在曼尼普尔山谷巡逻，那里有大约350000男性或者差不多45%的男性估计有酗酒问题。

成百上千的Maira Paibis或者持火炬者（根据他们拿的石蜡火把而命名），从太阳升起到午夜，轮班在山谷里巡逻，山谷中大约有130万人居住。

他们守在街道的拐角处，当他们遇到酗酒的男性，在几分钟内就会吹哨寻求增援。那个酗酒的男性就会被强迫说出哪里还有酒，并马上被捣毁，然后对其进行惩罚。

曼尼普尔区的一个政府官员说："任何被Paibis抓到的人再也不想重复那种经历，并且治疗好了酗酒"。高级政府官员也不被巡逻队豁免，即使偶尔喝酒者也要确定自己是在数百英里之遥的新德里或者加尔各答才敢喝酒。

作为母亲的女性，不但是孩子的第一个教育者，也是担任提供孩子和家庭衣食起居和保持健康的重要角色。因此，她们经常是家庭中病人的初级保健者，并且是采用非处方药治疗感冒和疼痛的决定者。在世界大部分地区，小学老师和学校的护士是女性，她们也提供健康和卫生知识。1994年（pp. 12 - 16），正如关于药物滥用的非政府组织世界论坛所总结的，在影响人类社会新一代对药物和个人健康的态度上，女性起着非常重要的作用。

6

艾滋病病毒/艾滋病和物质滥用

艾滋病（获得性免疫缺陷综合征）已经成为影响着全球数百万人口的流行性疾病。艾滋病不仅可以通过性行为传播，还可以通过药物注射传播。被污染的针头、注射器和其他注射用品成为传播艾滋病病毒（HIV）/艾滋病的重要的传染源。HIV 阳性意味着该个体曾经暴露于艾滋病病毒或者被感染；然而，慢性感染可能潜伏期达 10 年之久（或者有时更长）才最终毁坏免疫系统，此时艾滋病症状才开始出现。

药物注射和艾滋病病毒传播

据估计全世界有 1300 万毒品注射者（IDUs）；78%居住在发展中国家和过渡时期的国家，并且大多数是年轻人（Globe 2006，pp. 19－20）。已经证明注射药物成瘾的方式见于全球一百多个国家，并且大多数艾滋病病毒感染者是毒品注射者。在泰国，阿片类物质使用者最初常常是吸食鸦片，再逐渐地由鸦片过渡到吸食海洛因，最后才改为海洛因注射（从 20 世纪 50 年代到 70 年代）（UNDCP 1997，p. 32）。从 1988 年 1 月到 9 月的 9 个月内，HIV 的感染率就从 1%增加到 32%～43%。毒品注射者中 AIDS 病人从 1990 年的 7 例增加到 1994 年 691 例。这确实是注射海洛因（交换使用针头）这一服毒方式在艾滋病病毒/艾滋病传播中起主要作用的证据（UNDCP 1997，p. 32）。

在代表着全球人口 61%的国家抽样调查中，估计有 300 万～400 万的毒品注射者。如果按这个比例（每 10 万人口有 105

例毒品注射者）推算，全球毒品注射者的人数可能高达 550 万（Mann et al. 1992，p. 407）。由于社会文化态度的不同以及能够得到的毒品类型不同，注射的毒品在国与国之间差别很大，即使在同一个国家也不同，这些毒品的生理效应可能影响使用者的使用频率和使用方法。像可卡因——作用持续时间较短——可能每天注射的频率比海洛因要频繁。然而，全球范围内的主要注射用毒品是海洛因，其次是可卡因和苯丙胺（Mann et al. 1992，p. 407）。

在过去，人们认为 HIV/AIDS 仅仅通过静脉注射传播。但是最近研究显示它也可以通过皮下和肌肉注射传播，因此采用“毒品注射者”这一术语更恰当（Mann et al. 1992，p. 407）。

广泛采用注射用药的原因是这一方法能够确保更多的毒品更快到达大脑从而产生更强药效。在毒品使用者当中，虽然他们当中许多人可能也通过性交传播病毒，但共用针头和注射器是引起 HIV/AIDS 传播的主要原因。

注射是药物滥用最危险的方式，因为药物作用直接且后果严重。在绝大多数研究中，注射毒品者被认为性活动增强。酒精和其他药物的去抑制作用影响人的判断力并容易产生冒险行为，在性行为方面警惕性降低；这反过来进一步增加通过性行为传播疾病的机会（UN 1997，p. 91）。交换注射器及针头进一步加速了乙型肝炎病毒和 HIV/AIDS 的传播。

1997 年联合国国际毒品规划的世界毒品报告中报道，在美国 HIV 传播的最主要的方式是男性同性恋者间的性行为，而在欧洲绝大多数艾滋病病毒的传播是通过注射毒品（p. 88）。然而，这种模式可能会发生改变。全球大约 22% HIV/AIDS 人口注射毒品（p. 89）。不同的国家注射用毒品的人数比例也不同：例如在英国是 6%而在泰国是 80%。在注射毒品时间达 6 年或少于 6 年的人群中女性占较高的比例，随地理位置不同也有所不同，从纽约的 25%到格拉斯哥的 69%（p. 94）。

最近一项有关 HIV 母婴垂直传播的合作性流行病学研究（欧洲联合研究 2006，p. 1419）就 5967 例 HIV 感染的孕妇和她们的婴儿进行分析，这些人中，4716 例来自西部/中部欧洲，其余病例来自乌克兰（东部）。结果发现，西欧的孕妇感染 HIV 的方式由注射毒品转为异性性行为。在乌克兰，注射毒品的人数也下降了。

毒品注射者与冒险行为

毒品注射者在他们的注射行为和性行为的本质和方式上更具冒险行为。澳大利亚一项对 300 例年轻毒品注射者的研究报道，共用注射器具（针/注射器）的发生率为 44.5%（UN 1997，p. 57）。这些人当中，男性或女性毒品注射者均有多个性伴侣；他们的平均年龄为 18.7 岁，其中 11%还在上学。这个研究的女性参加者当中，怀孕的发生率为 53%，怀孕的平均年龄为 16.4 岁（UN 1997，p. 57）。该研究反映了在青年人群当中注射毒品的复杂性和严重性。注射毒品和性观念对心理学和生物学的影响，不仅表现在怀孕上，也表现在这些年轻妈妈生产的婴儿上。她们为孩子提供适当的营养和成长环境的能力都成问题，更不要说在如此不健康的社会气候下给他们提供教育了。

许多可卡因注射者生活方式极端混乱并频繁注射可卡因。注射后兴奋的感觉，不洁性行为，卫生状况极差，贫穷和露宿街头正是这些毒品注射者传播 HIV/AIDS 的一些因素。尽管这些行为模式因人而异，也使得这一群体相互传播 HIV/AIDS 和其他传染性疾病，如肝炎和结核的危险增加。David Kosub（1997）报道许多可卡因注射者每天注射可卡因 20～30 次，并且交换针头，这对 HIV 感染的传播速度有明显的影响（p. 1）。在加拿大，20 世纪 90 年代，许多人在年轻时感染了 HIV，社区感染率在静脉注射毒品者和女性当中上升，许多是因与静脉注射毒品者发生性关系而感染（p. 52）。

HIV/AIDS 对儿童的影响

儿童遭受 HIV/AIDS 的影响较少受到关注，因为人们常常设定 AIDS 是一种成年人的疾病。此外，由于 HIV 病毒通常经性或通过注射毒品传播，人们也倾向于认为 AIDS 是成年人的问题。然而，按照 UNAIDS 和 WHO 估计，AIDS 流行 20 年以来，有超过 400 万的 15 岁以下儿童被 HIV 病毒感染。他们当中超过 90%的人是由 HIV 阳性的妈妈生产的婴儿，这些孩子在生产前或生产过程中或者通过人乳喂养过程中感染 HIV 病毒（WHO 2006）。

儿童感染 HIV 病毒通常很快就发展成 AIDS，绝大多数儿童发展成艾滋病患者，当中的大多数已死去（WHO 2006）。目前不清楚这些孩子的父母当中有百分之多少通过注射毒品感染 HIV/AIDS，也很难知道假如他们活到青少年期，这些孩子与那些 HIV 病毒感染的孩子进行性活动或毒品滥用活动的情况。全球数百万流浪街头的儿童当中许多涉及毒品滥用、毒品交易或卖淫，这些都使得他们在年轻时成为 HIV/AIDS 的易感者。

合法化问题

可卡因的合法化这一主题在专家和社会上已引起争论。但是合法化显然不是感染针头问题的有效解决方法；甚至有可能加剧这一现象。例如：在大鼠身上进行的实验室研究显示当设定可以给予无限制的注射可卡因时，大鼠就会连续不断自我给予可卡因直到它们崩溃和死亡。大脑的奖赏中枢在接收到可卡因的药效作用时，需要反复接受到它的作用似乎成为永久性的。注射药物的频率不仅依赖于使用者的特性，也依赖于药物的本质。例如：注射毒品者从注射海洛因转变为注射可卡因时，注射毒品和更换针头的频率也会增加。

7

成瘾的生物学因素

药物成瘾不是由单一因素引起的；相反，药物滥用和成瘾过程有大量心理社会和生物学因素参与。

内啡肽作为脑的内源性阿片肽

研究显示人脑释放的一些物质与精神活性药物相似。在 20 世纪 70 年代，研究者在研究海洛因对脑的作用时发现脑内存在与吗啡有特异性亲和力的受体。这一发现促使他们开始寻找与脑快乐中枢的突触有关的天然神经递质，结果发现了被称作内源性阿片肽或内啡肽的肽链。一些内啡肽就是脑内产生的吗啡样物质（DuPont 1997，pp. 106 - 7）。神经递质内啡肽在体内产生，与外源性阿片系统相比，是内源性阿片系统的一部分（UNODC 1997，p. 46）。根据这一发现，人们推测药物依赖与基因遗传之间可能存在某种联系，并推测一些内源性阿片生物作用薄弱的人可能寻找外源性阿片、兴奋剂和其他药物来补偿。然而，没有躯体和生物学的缺陷的人也可能因为同伴压力、应激或其他心理社会因素发展成药物依赖。

寻求快乐行为的生物学

为了阐明成瘾的机制，科学家对位于中脑的快乐中枢和疼痛中枢进行了许多的研究。动物实验证实反复电刺激脑的快乐中枢可以诱导一种寻求快乐的行为模式。研究者发现脑内带有电极的大鼠会极力使它的快乐中枢体验电刺激（正性强化）。当紧邻的疼痛中枢受到刺激引起疼痛时（负性强化），它们就会尽力避免引起疼痛。“接上刺激电极的大鼠为获得可以引起快感的电击会反复压杆，直至筋疲力尽，而且这种按压行为会优先于进水、进食甚至交配行为”（DuPont1997，p. 111）。当在人身上进行相同的试验时，电刺激快乐中枢不仅引起好的感觉，还可引起欣快感，降低疼痛的敏感性。

Robert Dupont 在物质滥用和成瘾领域做出了重要的贡献，他指出临床观察发现那些对酒精或其他药物成瘾的人是“成为只顾短暂快乐的奴隶而不顾及使用毒品的长期后果，即使是灾难性的后果”的这样一种人（DuPont 1997，p. 111）。这种观点可能是对西格蒙德·弗洛伊德有关人类精神活动就是回避痛苦趋向快乐观念的挑战。快乐和痛苦中枢受神经递质（大脑信使）的管理，而神经递质影响我们的行为。物质滥用以各种方式影响快乐中枢，抑制大脑的痛苦中枢。药物通过刺激快乐中枢，抑制疼痛和痛苦，促使成瘾者沉溺于持续性快乐寻求的行为中（DuPont 1997，p. 112）。

成瘾脑通路

大脑的中脑边缘系统在成瘾中起着重要作用。违禁物质刺激中脑边缘多巴胺系统，该系统使自然奖赏和药理学奖赏成为可能。奖赏性药物包括阿片、兴奋剂、酒精、尼古丁和大麻都作用于上述奖赏系统增加突触水平的多巴胺。自然奖赏诸如食物、性等，也可升高多巴胺，但其效应不同于药物诱导的持续性升高（Self，p. 223）。

神经递质：脑信使

至少有三种主要神经递质在物质滥用和成瘾的形成中起重要作用。多巴胺（DA）与快乐过程有关，内啡肽与疼痛和应激有关，而去甲肾上腺素（NE）与恐惧和愤怒反应有关。Dupont（1997，p. 118）就脑快乐中枢通路详细描述如下：

> 所有引起快乐感的物质和行为都是通过刺激脑快乐中枢——腹侧被盖区和伏隔核使个体产生快感的。通往脑快乐中枢的每条通路都是独特的，但是每一条都可以使易感个体产生依赖。避免成瘾的最主要的保护措施就是无法获得依赖性物质和关于禁用药品或危险活动的教育警告。

在这些神经递质当中，多巴胺参与控制食欲和快乐，包括食物和性。可卡因等药物能够增加脑多巴胺水平，并能诱发精神分裂症发作或加重精神分裂症症状。也有报道称可卡因是通过阻断突触多巴胺的再摄取，导致多巴胺能兴奋性增加，并产生“high”的感觉的。但这一过程是非常复杂的（O'Brian，p. 1195）。低多巴胺受体活性似乎加重酗酒，而高多巴胺受体活性则可避免酗酒（Arehart - Treichel 2006b，p. 25）。

脑内内啡肽系统除参与疼痛的处理外，还可增加快乐感，调控应激反应。内啡肽受体不仅存在于大脑，也分布在身体其他部位。在过去的 40 年中，科学家鉴定出 60 多种神经递质。据估计，体内自然产生的化学物质有 300 种或更多，这些化学物质被神经元用来传递信息。神经递质是通过突触产生某种效应的局部信使。激素则是长距离的信使，通过血液循环作用于远离大脑的靶器官（DuPont 1997，pp. 98 - 104）。

毒品使用模式

毒品被使用者使用后可通过不同途径到达大脑。口服药物可以通过胃肠道吸收进入体内。某些毒品被直接注入血液，某些毒品通过吸烟或吸入经由呼吸系统进入体内。而少数其他毒品如可卡因可通过鼻吸经鼻黏膜吸收入血。使用违禁药品最普通的方式是静脉注射或吸烟，这两种方式都能使血液中毒品浓度快速升高，对脑和快乐中枢瞬间起效，导致快速“high”感。静脉注射用药方式与口服用药方式相比，静脉用药具有极强的成瘾力，口服用药吸收较慢（DuPont 1997，p. 108）。

其他生物学因素

遗传因素对药物成瘾和酒精依赖的形成也有影响。最新科学研究发现酒精依赖和其他物质滥用的形成与 26 个基因及其附近的许多基因组分的变异有关（Arehart - Treichel 2006a，p. 25）。还有报道指出开始饮酒越早预示着依赖形成越早，并可能形成慢性依赖。酒精依赖者家族里往往也有多个对酒精依赖的个体。

因为酒精依赖趋向于在一些家族里发生，它的遗传特性在基因水平已得到充分研究。虽然形成酒精依赖的原因不是单一的，但是基因在诱导酒精依赖的遗传易感性或对抗保护作用上具有重要作用。它取决于基因与生物学因素以及心理社会因素之间复杂的相互作用。研究者认为确定遗传因素对酒精依赖易感性的影响能够引导发展出酒精依赖的特殊治疗，还有助于教育高危人群注意自己的生活方式（Nurnberger and Bierut 2007，pp. 47～48）。

然而，酒精依赖是多基因和环境因素相互作用的表达。Alan Leshner 对脑和行为的研究表明成瘾是一种生物-行为学疾病。成瘾的发生是药物长期作用引起脑结构和脑功能改变而引起的。但是成瘾也与重要的行为和社会因素有关。因此如果成瘾从本质上的确是一种生物-行为学现象，那么它的治疗也应该涉及生物学、行为学和社会学手段（Leshner，p. 1）。

8

毒品使用的心理学因素

改善人的生活质量和人们看待自我的态度是发展文明的目标。然而，在当前全球工业化的发展趋势中，情况正好相反。Bahá'í 的著作揭示了新的世界秩序的基本特征，即"除非一个国家的人民除了在智力和才能方面受到教育外，也接受了道德教育，文明才会有真正的基础"（'Abdu'l-Bahá，*Paris Talks*，p. 21）。

生活方式和态度的影响

让我们来密切关注北美人的生活方式和生活态度，这两者都与家庭教育密切相关。以美国主要的死亡原因为例，我们发现在美国每年死亡人数为 170 万例，其中 30%是由于酒精和烟草的使用所致。孕妇使用这两种物质常常导致早产和婴儿夭折［每年 30 万早产儿是由于烟草滥用所致，20 万早产儿是由于酒精滥用所致（DuPont 1981，p. 268)］。由佐治亚州亚特兰大疾病控制中心进行的关于美国死亡原因的调查结果显示"50%的死因与生活方式有关，20%与环境有关——绝大多数为职业暴露，20%与人的生物学因素有关，仅 10%是由于医疗卫生系统能力不足所致 (DuPont 1981，p. 268)"。在美国，引起高死亡率的其他重要因素是意外事故和自杀。在这一方面，酒精和毒品的使用可能起着重要作用。

一件值得注意的有意思的事情是，自 1900 年以来医学和公共卫生有了很大的改善，从而使得美国除了年龄在 15～24 岁的年轻人外，所有年龄组人群的健康水平持续升高和死亡率下降。但是15～24岁组人群在过去的20年的死亡率远远高于1960年的死亡率（DuPont 1981，p. 267）。据报道在美国大约50%青少年死亡是由意外事件所致，主要是汽车事故。自杀和他杀在青少年死亡原因中分别居第二和第三位（DuPont 1981，p. 267）。自杀、他杀和部分汽车事故，在当今世界都与个体的生活态度和生活方式密切相关。

饮酒和开车

药物，特别是酒精能够损害人的驾驶能力和技术。此外，因为药物影响反应系统，使反应速度降低或引起协调功能丧失，因此用药后驾车必然增加危险性，特别是在紧急情况下。个体的注意力、集中力、判断力也受到影响，就增加了判断错误的可能性。

据估计在20世纪70年代，在美国每年因汽车事故丧生的人数比越南战争中全部死亡人数还多。然而国家对在越南战争中丧失的生命的悲伤程度远远超过每年因车祸导致的大约45000例死亡和成千上万例的受伤者（Cohen 1981b，p. 1）。Sidney Cohen（Cohen 1981b，p. 1）曾估计意外事故中超过1/3的受伤、1/2的死亡与酒精相关，单纯的交通事故中高达40%～60%是由酒精中毒及相关效应所致。有证据表明大麻也能损害驾驶能力，并引起感觉错误和判断错误（ARF 1981，p. 24）。随着酒精和大麻类物质的广泛使用，特别是在年轻人当中的滥用，与药物相关的事故已成为特别关注的问题。

统计表明在美国几百万青少年驾驶父母的汽车或者驾驶自己的汽车（Buchan 1977，pp. 12－13）。许多人通过驾照考试就像经历"过渡仪式"，然后进入成年人行列，而且错误计算驾驶相关的风险。在一些国家低龄驾驶和饮酒已经导致悲惨结局。由汽车事故引起的青少年死亡仍在以令人震惊的速度攀升

(Ghadirian 1979)。据报道在1977年，美国该类死亡的60%是由年仅十几岁的青少年醉酒驾车所致。这些人特别易于发生这类悲剧，因为他们既没有驾车经验也没有饮酒经验。

工作场所的物质滥用

最近几年，工作场所的物质滥用问题愈演愈烈。在工作场所特别是在工业和卫生行业，使用酒精和药物会损害判断力并引起导致死亡或残疾的事故。例如，从1975年到1986年，大约50起火车事故的原因是酒精或药物引起的工人能力缺陷。“在这些事故中37人死亡，80人受伤，损失超过3400万美元”(Castro 1986，p. 41)。

下面是另一个在运输工业里物质滥用的例子。

> 1984年9月，一个大型国际航空公司的飞行员拨打了位于新泽西被称为800-COCAINE的电话，这是位于新泽西的咨询热线，主要提供治疗介绍和信息。他说他已经进行了三天可卡因鼻吸，但是那天晚上按计划他应该驾客机飞往欧洲。他感觉非常疲劳，有妄想狂症状。但是，他认为如果继续使用药物，就能确保清醒状态。“打电话请病假，回家睡一觉”，热线顾问极力劝道。顾问不知道飞行员最终决定做什么，但是顾问说这样的电话很常见（Castro 1986，p. 41)。

酒精、大麻和可卡因是工作场所使用最为广泛的滥用性物质。使用药物的理由多种多样，有人希望保持过度清醒（例如商务谈判和运动员），而有些人是需要减轻紧张和烦闷。无论什么动机，这些物质的使用都会影响人的判断力、感觉、竞争力和执行力。卫生行业职员的物质滥用值得给予特别关注。据估计(Keeve 1984）全世界高达15%的医生因酒精依赖和药物滥用导致专业能力不足。

酒精中毒引起的缺勤、高医疗费用和工作质量下降超过其他任何疾病。按照北卡罗来纳三角研究协会的估计，1983 年酒精中毒使美国财政损失了一亿一千七百万美元。用这些钱国家可以建造学校、医院或者拯救全世界数以千计死于饥饿的人。

工作环境影响酒精和药物的消费。除了经济因素外，心理社会因素和文化因素在药物依赖过程中也有重要作用。例如南非 Western Cape 省葡萄园里的工人可以得到免费提供的葡萄酒：一个人每天可以得到一瓶葡萄酒，他的妻子可以得到半瓶葡萄酒。虽然目前认为这种做法是违法的，但研究表明 Western Cape 省有 20%的农场仍然延续这种做法（*Globe* 1999a，p. 2）。

保持工人们对酒精依赖的目的是避免付给他们合理的工资。因为妇女受免费酒精的影响，所以他们的孩子形成胎儿酒精综合征。11%的农场工人子女受到这种疾病的影响（*Globe* 1999a，p. 2）。

美国劳动部估计美国使用药物的工人高达 9 百万。使用药物和酒精的雇工旷工率比非药物使用者高 66%，且引起的投诉也更多。全部工作场所事故的 50%都与药物及酒精滥用有关，而且，滥用者比其他雇员多用 300%的保健福利金（ILO 2006，pp. 33 - 34）。

在英国由 Portman 研究组进行的一项调查显示：63%的雇员在夜间喝醉后会打电话称病，而不来工作（ILO 2006，pp. 33 - 34）。加拿大亚伯达每年因酒精和药物滥用损失的生产力价值 4 亿美元（出处同上，p. 34）。

社会和人类价值

历史证明，科学和技术的进步以及物质财富的增加不一定会引起道德价值观或积极生活方式的更大改善。在这些领域里，道德信念和教育是非常重要的。例如在远古时代，特别是在古希腊时代，医学科学和宗教信仰能够满足改善人们生活的共同目标，因此，医生同时也是牧师，治疗人们躯体和心灵上有形和无形的创伤。

现代文明增加了人们对舒适和安全的期望。这些期望已深深地渗透到民族习惯和态度里，并影响着他们的传统价值。人类在发现抚慰心理社会需求、减轻痛苦和焦虑的方法上的进步之快是前所未有的。这方面的证据很多，一方面大量改变情绪和意识的物质被合成并迅速传播，诸如致幻剂、兴奋剂，另一方面出现了越来越多的放松技术，这些技术有些来自东方，有些是西方自创的。对压力问题的深入理解也刺激了人们在应对生活应激的新方式方面的努力和研究，人类适应充满压力的环境的新时代已开始。传统意义上的医学只关注治疗躯体疾病的技术，现在受到挑战，需要治疗人类精神和灵魂上无形的创伤，还要突破恐惧和绝望。医学界的责任是非常重大的：现在通过使用各种类型的化学物质，我们可以减轻恐惧、焦虑的情绪，或者刺激抑郁、淡漠的情绪。我们可以激发或抑制欲望，使暴烈的脾气温顺，或者改变一个人对他周围世界的感知。然而，并非所有药物对人的精神和躯体都产生正性作用。通过使用一些药物，上帝赋予人的最珍贵礼物——理智可能被改变或是完全被扭曲。一个温顺的人可以变成一个充满暴力和破坏行为的魔鬼。

基于欲望满足的生活方式

西方世界相当强调每天生活必须感觉满足。这种对满足感觉欲望的过度关注使人们对痛苦和挫折的感受更加敏感。尽快减轻任何不适已成为我们健康概念的一部分。通常认为，疼痛和痛苦是异常、无法接受的状况，而快乐和舒适则是人们追求的必需品；健康是没有疼痛和不适，而不是具有应付痛苦和不良应激的能力。西方社会已获得通过现代科学技术控制环境的惊人技能。随着科学的发展，这种随意控制从人体外已扩展到人体内。因此通过使用各种药物，可以抑制体内某种欲望和冲动而激发其他的欲望和冲动。

通过社会接触和新闻媒体，特别是电视的灌输，这种生活方式不断得到强化。此外，因为当今社会激烈的竞争和成功取向的价值观念，个体非常害怕失败。在这样的环境下，就容易寻求表面上能使人舒适的东西，例如酒精和精神活性药物。这些物质的消费暂时满足了心灵的安全感，但同时掩盖了个体必须面对的失败现实，从而无法正确解决问题，进一步延迟了他的成长和成熟。当心理或精神不良应激在个体对其存在意义没有任何顿悟的情况下就消失时，应激就无法引起某些对于成长具有重要意义的经历。缺乏这种学习经验的个体就不能实现生命的全部潜能或完成生活的所有目标。父母应该教育孩子接受并欢迎生活中的考验和困难，把它们视为新的学习机会，而不是借心理的或生物化学的手段拒绝它们。

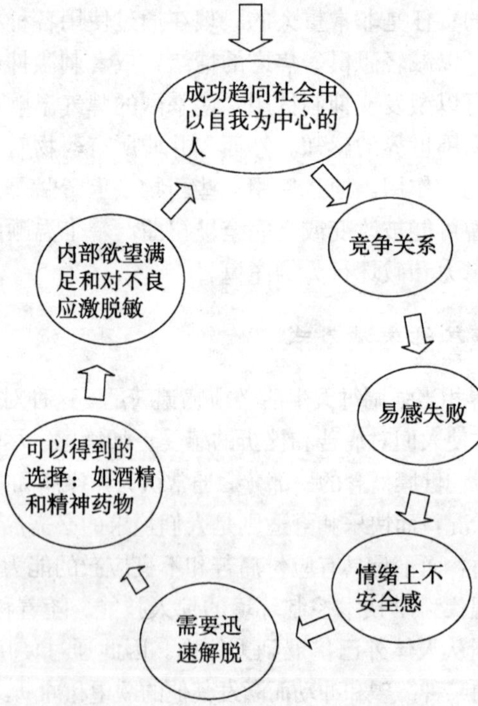

图 3　一个以自我为中心的人的异常反应

为进一步探索这一问题，我应用图 3 来说明一个自我中心的人应对激烈竞争的社会结构的阶段。我们这里分析的自我中心的人是指自我取向比其他取向性强的人。这样的人生活在重视成功的社会中，与他人的关系是竞争性的。而且这种竞争是他所属的社交系统所鼓励的。个体为了在竞争关系中保持理想化的自我形象而不断地努力，就削弱了他对失败的耐受性，致使他对应激情景特别易感。因为无法接受失败的现实并应对由此产生的不良应激，个体被迫寻求应对道德困境的其他方式。

不同的人应对生活压力的方式是不同的。对于有些人而言，应对压力的过程是一个创造性的过程，而对另外一些人而言，压力则会导致破坏性行为。在没有安全感的个体看来，酒精或精神活性药物是解除痛苦的方便选择。但是这种选择仅能暂时减轻失败的恐惧和焦虑而无法解决真正的问题。结果，个体的生活就会形成恶性循环，而无法得到任何顿悟。

当今人类正在经历世界发展中的危机时期，危机对药物使用的蔓延有重要影响。这种危机在许多方面与青少年在成熟前所面对的困难类似。像青少年一样，人类已经度过了儿童期和黑暗的无知时期，进入一个充满竞争、自我中心、不可预知性和需要进行身份认定的新阶段。许多国家的精神物质进步已经达到了相当高的水平，但是这种进步并没有带来和平与安全。相反，非法和暴力行为的蔓延，常规武器和核武器的扩张，地球大气污染和环境污染，家庭的破裂和传统体系的崩溃，科学、宗教、伦理和教育的危机都提示旧的世界秩序在快速崩解。酗酒、药物滥用和自杀的不断增加预示着不断加速的紧张和混乱。对于 Bahá'ís 而言，这些现象的形成预示着有缺陷的系统最终将被新的世界秩序和新的文明所代替。但是对普通人而言，这些是非常令人苦恼的征象，使得广泛蔓延的药物滥用和酗酒问题更加复杂化。

从自由到恐惧

许多药物滥用者对自由的概念有他们自己的理解，而且往往和社会规则和价值观是有差异的。他们认为作为成年人他们完全拥有自己，对自己的身体和精神可以做任何喜欢做的事。具有讽刺意义的是，酒精或药物成瘾的最终命运就是丧失那个他们认为最有价值的自由。成瘾后他们很快就意识到躯体对药物的依赖导致了耐受性的出现，这意味着为了获得原有的效果需要更大剂量的药物。成瘾后的另一个发现是在一定时间内得不到需要的药物就会产生心理、生理的戒断反应，根据药物的不同性质与效能，戒断反应有不同程度的痛苦和危险性。当然，成瘾者清楚地知道由于这种依赖，他必须面对成瘾带来的不良后果。因此，他面临两种道德困境：

1. 他已经丧失了坚持自我的自由。他的大脑和行为受酒精或药物的影响并且他再也不能完全控制自己。结果，他的理性完全丧失，行为可能变得不稳定或荒谬。此外，由于对无生命的、不能说话、没有情感的化学试剂的依赖，不使用这些试剂他甚至无法沟通，而且不断面对经历戒断症状的恐惧。在未能得到成瘾性物质的情况下，戒断症状带来的痛苦是如此的强烈，以至于使获取快乐的最初目的最终丧失意义，尤其是在成瘾者没有经济保障的情况下。为了生存，在不断的斗争中快乐被恐惧取代，梦想天堂里的宁静变成了“成为化学物质奴隶”的噩梦。

正如莎士比亚在奥赛罗中所写的：

> 噢，无形的酒精！如果你还没有名字，让我们叫你魔鬼吧！……噢，上帝！人们将敌人放进他们的嘴里偷走了他们的智慧……

2. 为了努力避免可能的戒断反应，成瘾者可能发现通过任何可能的手段获得依赖的药物是必需的。为了达到这一目的，成瘾者将打破伦理规则和社会管理法律。强行入侵他人住宅、抢劫、暴力、甚至谋杀都可能成为这一目的的不幸后果。成瘾者陷入这种不顾死活的状态，其判断力可能也是受损的，因此除非得到精神病学的帮助，他的生命都会受到威胁。

药物诱发的暴力和攻击行为在医学文献和媒体上都有广泛报道。

研究（Fauman and Fauman 1979）提示慢性使用苯环己哌啶（PCP）能引起直接针对自己或他人的暴力行为。按照研究者的观察，这种暴力行为与成瘾者在不受药物影响情况下的品行是不一致的。有一个病例报道称，PCP 的使用可以导致谋杀和自残。这个观察和其他的研究都提示理性受到严重破坏后，会引起不顾后果的行为，甚至是致命性行为。例如一个 PCP 使用者被发现爬进北极熊笼子里照相。

考虑到酒精和所有药物滥用都有大量的心理和社会动机的事实，表 2 总结了这些相关因素。

表 2　促成青少年酗酒和药物滥用的一些重要因素

1. 儿童期教育
2. 同伴影响
3. 父母身份模式（例如父母是酒精依赖者）
4. 文化上和社交上允许的态度或习惯（例如使用酒精或药物）
5. 社会动机：物质的可接受性，可获得性和广告业宣传，例如通过媒体
6. 家庭冲突和家庭内部沟通贫乏
7. 对父母和社会价值观的叛逆
8. 个人对快乐的期望："希望感觉更好"
9. 疏隔感
10. 孤独、胆怯和情感剥夺
11. 个人的失败感或绝望（特别是在竞争社会）
12. 厌烦和情感淡漠
13. 攻击性冲动

续表

14. 寻找个人的认同感
15. 逃避现实
16. 社会隔绝或过度兴奋
17. 缺乏精神上的或宗教上的价值观
18. 寻找代表成人的仪式和成人表达方式的标志
19. 意识或潜意识的自我毁灭动机
20. 好奇和对体验的欲望
21. 情感或社会应激
22. 不能接受自我
23. 已经对药物依赖而渴求
24. 缺乏积极的选择
25. 抑郁或其他精神疾病

无目的的快乐

快乐可以通过多种不同方式获得。可以通过学术成就、艺术创造、体能运动或其他活动体验快乐。无论采用什么方式，快乐的感觉都是一样的。对神秘主义者来说，个体与宇宙统一的精神认知是其快乐和高兴的源泉，即使实际上他处于悲惨的困境之中。所有这些例子中，快乐都是通过个人努力获得的，常常需要牺牲个人的舒适。

药物带来的快乐不是通过努力获得，应用药物的唯一目的就是简单的体验欲望的满足。这种欲望满足是一些人目的性的活动的自然结果，可能成为其他的快乐主义者的指导原则。

在个体水平上，发现当代北美文化中药物使用者的感觉取向优先于洞察取向。在一项于 1972 年进行的关于少年药物滥用者的研究中，Scott（1972，p. 48）报道，当问受试者："你认为你从药物中获得了什么？"时，69％的人回答"更多的体验"（意思就是感觉很好)。只有1%认为他们通过用药加深了对自己的认识。这进一步说明过分强调感觉的满足在药物使用动机上具有重要作用。

快乐意识似乎是药物使用者用于辨别他们最喜欢的精神活性物质的标志。在众多致幻剂当中,有下面一些例子:(印度)大麻(一种植物,活性化学成分是THC——四氢大麻酚)还被称作"dope","bhang","kif","pot""ganja"和"grass"。LSD(麦角酰二乙胺)又叫"acid","trips"或"sunshine",而STP(或DOM;2,5-二甲氧基-4-甲基苯丙胺)即"宁静-平静安宁丸"。番薯属堇菜科被称作"牵牛子",PCP(苯环己哌啶)被广泛地称作"天使粉"。

在精神兴奋剂("兴奋剂")当中,可卡因是指"快乐足迹"和"天堂树叶",而盐酸脱氧麻黄碱有时等同于"快速"和"脾气暴躁"。精神镇静剂(镇静剂)当中,巴比妥类,西可巴比妥胶囊被称做"速可眠胶囊";戊巴比妥,称作"黄蜂";阿密妥,称作"阴沉的天堂"和"悲哀的洋娃娃"(Inaba et al. 1977, pp. 16-27)。吗啡是阿片的主要成分,也是精神镇静剂,命名的来源是希腊神话睡神——梦神的名字。

并非所有的物质滥用都是快乐论驱动和自我中心的结果,而且这一问题也不仅限于西方世界。有相当数目的个体,尤其是成年人使用药物的原因是焦虑、绝望或者患有慢性疾病,也可能是将处方药用于非医疗目的而使用的。

Sidney Cohen是美国关于酗酒和药物滥用问题的主要权威之一,将社会上药物滥用的一些原因总结如下(1971, pp. 547-50):

1. 已有价值观减弱,同时没有新的更适合的价值观出现。

2. 维系族群的传统习俗和信念的衰变,如宗教(religio:就是束缚在一起的意思)、家庭纽带和国家、民族和部落忠诚的共同根源。

3. 许多明显的和充满生机的渴望降低。

4. “贫穷社会”持续存在，这种社会伴随着绝望和自尊低下的疾病；“富裕社会”不断增加，这种社会的并发症是迷茫感。

5. 我们的教育系统不健全，过分强调智力的训练，而对理性和情感训练的关注很低，两者是失衡的。

影响年轻一代酗酒和药物滥用的重要因素还有很多——在毫无生机或冷漠的社会风气里渴望冒险和寻找新奇经历的欲望。一些青少年使用药物作为与烦恼和沮丧斗争的手段，而其他一些人却用它来应对疏远感和幻灭感。

今天，天然的或合成的兴奋剂都很容易获得，这使得绝大多数人都能操控自己大脑的快乐中枢并沉溺于一些人为的欲望满足和快乐中。在这种情形下，快乐失去了它本身的意义，不再是对生存的奖赏。

Lawrence Hatterer 写道：“成瘾行为已侵袭到美国当今生活的每一个角落。我们都感觉到会对自己关注的事情成瘾——对体重的偏见、吸烟、过度饮酒、过度花费、瞄准、赌博、性或工作……我们的社会是一个多极化的社会，但其本质上却是成瘾性的生活”(p. 15)。他继续就这一过程说：

> 人们对物质、目的、行动、相互作用、产生精神生理反应的幻想或环境的欲望或需求是压倒性的——一种“high”的感觉。人们反复地、冲动地或强制性地去寻求这种感觉。最初它是一种应对可以引起有意识的或无意识的不可忍受性疼痛的精神冲突或应激的愉快方式。在这一过程的早期阶段，药物使用者会感到部分或全部解脱。因此就会有一种冲突或应激已经得到解决的错觉，因为它被精神的和/或躯体的快乐所掩盖或减小了。这种快乐会随着药物使用的继续而减轻；痛苦解除越来越少，心理应对或分辨能力越来越差……(pp. 16-17)。

科学家通过利用动物探索自我诱导的快乐的本质发现：可卡

因等物质是快乐的有效性化学强化剂，为了得到快感，动物会不辞辛苦地工作，而不顾最基本的需要和动机。Sidney Cohen 解释说：“在不限制获取的情形下”，

> 猴子会不停地按压杠杆进行可卡因的自我给药直至死亡。在一个研究当中，猴子为了获得一次可卡因给药，按压了 12800 次杠杆。即使在饥饿的情况下，他们也对获取可卡因的偏爱高于食物。即使笼子里有雌性猴子，他们也将持续不断地压杆。为了获得大剂量的可卡因他们宁可忍受电击，也不会接受没有电击情况下的小剂量可卡因（1981c，p. 1）。

由此推论，如果人可以无限制地获取药物，为了获得药物他们也会有同样的反应。因为人想要体验愉快感，他从环境中接受到的信息必须刺激脑内的快乐中枢。这使得体验快乐感成为可能（Jones and Jones 1977，p. 16）。正常情况下，体现快感所需要的信息通过感觉通路或通过思维、记忆和想象到达大脑。关于脑内信息获取与快乐中枢之间的通路还不清楚，但通常认为快乐中枢位于边缘脑区（Jones and Jones 1977，p. 17）。这个脑区在情绪表达、记忆储留、自主神经系统控制和动机控制（包括性本能）等方面起着非常重要的作用。对于原始人来说，边缘脑区是生存本能的中枢，而对现代人来说，它是有理性的脑（Jones and Jones 1977，p. 16）。边缘脑区在快乐体验中的作用得到了广泛研究。其中一实验报道：

> 在实验动物脑的边缘区植入永久性电极，然后训练动物通过按压一个活动杠杆在两电极之间形成缓和的神经刺激电流而刺激这一脑区。在训练过程中，动物很快就建立了频繁的自我刺激模式。除非中止实验，他们会不停地进行自我刺激直至筋疲力尽而倒下，而一旦睡醒，他们又立即开始按压杠杆。即使不吃不喝，它们也会选择压杆刺激大脑而不是压杆获取食物和水（Jones and Jones 1977，p. 17）。

与此相似，绝大多数滥用物质都会引起不同程度的欣快感（见表 3）。这种欣快感可能会给滥用者一种健康、强壮和有力的错误感觉，而实际上他们可能虚弱、多病和无力。

表 3　滥用药物的一些药理性质

药物分类	举例	愉快感	心理依赖	耐受	戒断综合征
毒品	海洛因	+++	+++	+++	+++
镇静药	巴比妥	++	+++	++	+++
麻醉药	酒精	++	+++	++	+++
	甲苯	++	++	+	(+)
抗焦虑剂	地西泮	++	++	+	+
	甲丙氨酯	++	++	++	++
致幻剂	LSD	++	+	+++	−
	THC	++	++	++	(+)
兴奋剂	苯丙胺	+++	+++	++	+
	可卡因	+++	+++	−	−
神经节兴奋药	烟草	(+)	++	++	+

来源：S. Cohen 1976，p. 3. 获得再印许可。

当脑的快乐中枢受到化学物质的反复刺激后，就会丧失对此类刺激固有的敏感性。这解释了一些慢性药物使用者在一段时间之后，应用同样剂量的药物无法获得同样水平的欣快感的现象。Hardin Jones 是伯克利市加利福尼亚大学著名的医学生理学家，他对药物对脑和神经系统的生理作用进行了深入研究，他认为当药物使用者

用药物来获得快乐时，他通过脑内机制得到的快乐是药物人为活化的。当快乐机制无法按自然状态工作时——此时它被药物滥用

> 着——它就开始不起作用，以至快乐感逐渐减弱，最终无法感知。那么人就丧失了感觉。然而，快乐机制是可以恢复并重新对自然刺激源敏感起来，而后者可以在不损坏快乐机制的情况下引起愉快感。快乐机制的恢复是药物滥用康复的关键（Jones and Jones 1977，p. 8）。

人为诱导的快乐（例如药物）与目标是无关的，也可以说是没有意义的，只是“对脑的欺骗”（Cohen 1981c，p. 3），其不良后果仍然是医学探索的内容。

追求快乐

社会各阶层所有年龄段的人都在寻求快乐——这一令人难以捉摸的状态。依赖于从物质方式和力量中寻找安全感的社会对快乐的寻求尤为强烈。在这种社会中，快乐被当作永远珍贵的万能药。受生命的唯物论观点的影响，人们不管付出多么大的代价都会拼命地设法体验快乐，因此特别容易受到兴奋剂和其他改变情绪的药物的吸引。

化学性的“快乐”可以通过购买和公开消费轻松获得。这种“快乐”有不同的形状和形式：粉剂、丸剂、液体、胶水或者吸入剂。这些“快乐”的化学信使被他们的喜爱者们亲昵地称作：“天使粉”、“牵牛花”、“幸福的尾巴”、“快克”、“红色魔鬼”、“策划药”等等。其他经常用美丽的玻璃杯包装的药物有外来的名字，如：“血色玛丽”、“粉红色淑女”、“血腥的恺撒”、“黑色的俄国人”和“刺激者”。这些药物和许多尚未发现的药物，是世界上许多地区“快乐”的商品化形式。

在这种情况下，“快乐”就成了可以在商店里买到、用瓶子盛回家、在聚会中使用的商品。它可以被邮寄到偏远地区或在街道和黑市上出售（Cohen 1982）。它可以用来交易，讨价还价或投资。这种“快乐”可以被微风驱散或被雨冲走。它可以引起意外事件、战争、暴力和流血事件。这种类型的“快乐”的使用方式包括吸烟、饮酒、鼻吸或注射。它也可能以白色粉末形式出现，被一个想通过它获得灵感的外表虚弱的年轻人携带，向它屈服，向它哀求，在学校的僻静地方或废弃的街角服用。对无精打采的失业男人或对无法走出孤独的女人来说，它可能是一杯酒。“快乐”可能是被注入胳膊以兴奋大脑的淡色液体。根据这一定义，“快乐”可以在化学家的实验室里合成或者在酿酒厂里生产，可以在后院种植或在农场栽培。例如阿富汗、土耳其和印度的广大平原以及哥伦比亚、墨西哥和玻利维亚的山脉就种植着大量的“快乐”。然而，其中有些国家的人们仍然是世界上最穷的人。当今在许多国家农场里种植着给人错觉的“快乐”，如罂粟、古柯和大麻，而不是稻谷和小麦，因为前者利润更大。公司和私人企业将这些产品出口给全世界许多不快乐的人并获得数百万利润。政府也可以从这些产品的税收当中获得利益。这种“快乐”成了可以为这个星球上不安静和不快乐的人们提供服务的综合体。

当人的价值观和感觉是以物质重要性和应用价值来界定和衡量时，快乐就失去了其真正的含义。在这样的氛围下，人们愿意通过使用物质寻求快乐，这些物质可以激发快乐，导致愉快和狂喜的状态。这种自动产生和人为制造的“快乐”在人的现实生活中是不会发生的，现实中的快乐是精神和灵魂对特殊的环境体验或内部启迪的正常反应。药物诱导的快乐是一种虚假的感觉，它只能延迟人成长和成熟的自然过程。没有药物的自然快乐不仅是可能的，而且对于人的成长和健康来说也是非常必要的。

任何人都可以体验快乐；这就是我们对待生命和生活发展过程中具有重要作用的人生目标的态度。真正的快乐与人的精神现实密切相关。Bahá'í 的快乐和进步概念的基础就是人与他的创造者之间的相互关系。在这种关系中，人们通过拉近与万能的上帝之间的距离得到进步和发展。快乐与这种进化过程密切相关（'Abdu'l - Bahá，*Secret of Divine Civilization*，p. 60）。事实上，“人类快乐是建在精神行为之上的”（'Abdu'l - Bahá，

Selections, p. 127)。

'Abdu'l-Bahá 描述了两种快乐，“关于物质快乐”的描述是：

> 它从来就不存在；不但如此，它仅仅是幻想，是镜子中的一种影像，一种幽灵和阴影。考虑到物质快乐的本质，它是可以暂时解除人的痛苦的东西；然而，人们想象着它能使人快乐、高兴、喜悦、感恩祈祷。所有物质上的赐福，包括食物、饮料等等，仅能解除渴感、饥饿感和疲劳感。它们无法使心灵得到任何快乐，也不能使精神感到愉快；不但如此，它们仅仅满足躯体需要。因此，这种快乐并不真正存在。精神上的快乐才是人们生活的真正基础，因为生活创造快乐，而不是悲伤；创造愉快，而不是忧愁……精神快乐是生活的永恒主题。精神快乐是一种没有黑暗伴随的光明，是一种不会令人羞耻的荣耀……（quoted in Hyde Paine 1944, pp. 17-18）。

H. B. Danesh（1986）指出了可以体验快乐的四种不同情形：

1. 最普通的情况是由基本的人类需要如食物、住所、性和躯体舒适得到满足所带来的快乐。作者认为实际上人类快乐远远超越躯体需求和愿望的满足所带来的快乐。

2. 第二种情况是个体受到他人的尊敬、接受和关爱的需要得到满足所带来的快乐。

3. 第三种情况是人的成就感带来的快乐。要实现这一目标，必须满足两个条件：“第一是思想、情感和行动的协调，第二是这些思想、情感和行动都要致力于发展精神的真实自我和高贵人格（p. 23）”。

4. 第四种情况也是快乐的最高形式，源于一个人与其创造者之间的相互关系，这种快乐可以不断地激发个体的创造力（pp. 23-4）。

在这些快乐情形当中，第一种情况是最基本的形式。实际上，这种分析里所说到的快乐，在现实当中，仅仅是“想象”。

它是人类基本需要如渴和饥饿得到满足并且这种满足在物质生活中持久存在的一种状态。它与其他类型的快乐不同。酒精和药物的使用虽然通常可以使人获得较高水平的快乐，如自我接纳，但事实上，这些物质是通过与人类最基本的躯体需要和本能驱动进行交互作用发挥影响的。它们的作用就像是一种海市蜃楼的幻境，在精神上很快就消失。我相信，除了个人与上帝的关系之外，服务于人类的快乐和幸福以及将对自己的爱转化为对全人类的爱的一种无私态度也是最能使人进步和最值得称道的快乐形式。

寻求生命的意义

在人性当中有一种具有转化效应的进化过程在起作用。它超越了快乐和痛苦原则。一个人必须要有较高意识水平，对生命的最终目的和生活意义有深刻的理解，才能触及这一宝贵的内在实质。这需要人们接受以精神价值和对人性的科学理解为基础的系统教育。

Bahá'í 教义鼓励我们去发现内心的宁静和愉快之源，这是我们每个人都潜在拥有的资源。它将快乐看作是人类探索实现生命目标的自然结果。真正的生活快乐源于一个人对创造者的爱和与创造者再次融合的渴望——就像热恋中的人，真正狂喜和高兴的时刻是与他心爱的人再次相见的时候。

随着人类社会的有机成长和成熟年龄的到来，我们终会告别寻求冒险、危险行为和寻找快乐的青春期。我们将发现生活和宇宙的新景象，了解获得愉快和满足的新途径。那时生活快乐比当前物质驱动的快乐将具有更大的精神取向性。在那一发展阶段，人们将不再以毒害他们的脑子为代价攫取快乐，也不再使他们的智慧蒙受耻辱以获取兴奋。那时将会有真正意义上的高兴和快乐。兴奋和沉醉将会更丰富，但本质却与现在不同。这些都是成熟年龄的兴奋并且具有不同的含义：获得上帝属性的愉快和发现生活真谛的狂喜。一个人将因达到新的意识水平充满喜悦。人类满意的茶杯中将充满上帝的智慧和他自己的记忆。那时也将会有沉醉，但那是具有上帝之爱、充满人性的天国之酒。服务于人类，高举和平与正义旗帜都将会带来愉快的体验。这些兴奋和狂喜不为任何特定的社会阶层所独有，也不会给任何人增加经济负担。它们不会以静脉注射物质或吸入有毒制剂作为结果；也不会使脑细胞筋疲力尽、僵化判断能力、毒害躯体、失去理性。它们不会引起躯体依赖，也不会导致宿醉或戒断症状！它们不会被种植在葡萄园，不需从商场购买或为了消费而到处秘密地寻找。不需要为它们的非法运输设防。它们将是人类成长和成年的自然表达。

这个世界的人能够通过 Bahá'í 的著作了解内在快乐与宁静的神秘特点。Bahá'í Faith 的预言信使 Báb 祈祷说："通过你的爱和良好愿望的潜力使我们的心快乐起来，并使我们稳固，我们愿心甘情愿地顺从你的意志和你的命令"（*Selections*，p. 214）。'Abdu'l - Bahá 在他的一个祈祷里写道："噢，上帝，我的上帝！为我填满从万物中分离出的杯子，集合你的光辉和赠予，用你的葡萄酒使我高兴起来"（Bahá'í Prayers，p. 57）。另外，'Abdu'l - Bahá 用这些言语描述人的名誉和快乐："……人类至高无上的名誉和真正的快乐源于自尊、坚定的决心、高尚的目标、正直、道德品质和纯净的心灵"（*Secret of Divine Civilization*，p. 19）。他又说"不论他在哪儿，人类灵魂一定是快乐的。一个人一定要获得内在的幸福和安宁，外面的环境才不会改变他的精神平静和快乐（*Secret of Divine Civilization*，p. 19）。"

9

药物滥用的效应

生理依赖性的动力学

一些药物使用会导致心理依赖性，而另一些药物则可能导致生理依赖性。药物成瘾这一词语通常指的是一种生理依赖性状态，其特点是对所使用药物形成耐受。在这种状态下，如果突然停药会激发戒断症状。像阿片类生物碱吗啡就可引起生理依赖性，而苯丙胺和大麻等物质则会产生心理依赖性。

通常认为，目前销售和使用的大麻强度十倍于以前所供应的大麻，因此它的四氢大麻酚（THC）浓度较高。而且，现在市场上出售的药物通常含有其他药物的成分，这样就增强了它对中枢神经系统的有害作用。THC 是一脂溶性成分，半衰期为 3 天。这是药物在血液循环中具有活性的时间段。因此，大麻的消耗量与脑、肝、肺、生殖器官和其他系统中的 THC 有效浓度有关（Sanders 1982，p. 12）。该物质对人类行为的影响概括如下。

合成药物是通过对自然产物的化学结构进行修饰得到的，或者通过合成其相关成分的制剂来获得。前一类药物包括 LSD（源于麦角，从真菌中获得）和海洛因（Jones and Jones 1977，pp. 30－31）。

化学物质被吸收入血后，转移到各器官，包括脑。脑的边缘系统对精神活性物质特别敏感（Jones and Jones 1977，pp. 35－37）。

药物能改变自主神经系统的活动性。海洛因等药物的使用可以使脑的生理通路失去平衡。脉搏和血压可能下降，体温降低，视觉模糊，感知痛觉的能力可能降低，并且精神变得阴暗(Jones and Jones 1977，PP. 37-8)。脑内存在称为毛细血管的小血管，毛细血管的数量很大（如果将它们一根一根接起来，总长度可达100英里)。然而，在任何时间它们里面容纳的血液量都不足一茶匙（Jones and Jones 1977，pp. 33)。这些极细的脑血管携带氧化酶和营养物质等对于脑细胞的存活和功能极其重要的物质。使用药物和酒精后，这些毛细血管将携带有毒物质，从而对脑细胞和中枢神经系统的激素产生不良影响。结果就会出现异常行为；这些在表4中都有简要说明。

在医学上，任何药物除了其特异性有益作用外，都有大量不良反应。如果一种药物没有正确应用，它的危险可能超过治疗作用。酒精和其他精神活性物质直接或间接地影响着各种系统及其功能。虽然它们主要作用于脑和脑的功能，其他系统像呼吸和心血管系统也会受到影响，因为它们关系很密切。

“迷幻剂”的特点和作用

关于苯丙胺类合成物的普遍概念和认识包括：时髦、相对良性、流行、干净，且一般社会观念可以接受。迷幻剂的使用者极少认为自己是药物成瘾者。

据报道影响使用者对苯丙胺类物质偏爱的内在特点包括它们的特殊性质：可拉近情感、增强自信、增加机敏和忍耐力、自感身体状况良好及厌食效应；有不同的使用方式（可以被吸烟、鼻吸、吸入、摄入或注射)；对中枢神经系统的兴奋作用持续的时间比可卡因长；生物利用度比可卡因高；其特殊的药理学效应能够提供兴奋剂、致幻剂和移情剂（entactogogenic）的药理作用；价格低廉又容易得到（UN 1996，p. 119)。然而，根据不同的文化信仰、个人期待、精神状态以及遗传特点，不同的人服用迷幻剂的不良反应是不同的，例如有人会有妄想体验，而有人会无法入睡，还会有兴奋躁动和下述的其他障碍。

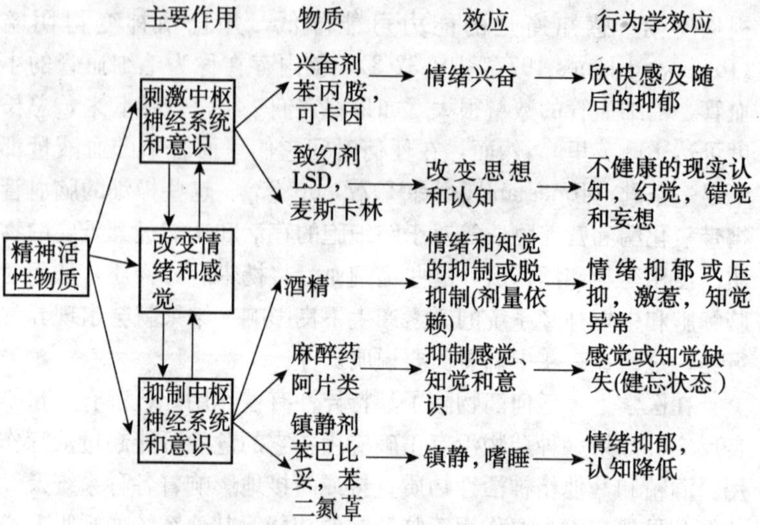

图 4　精神活性物质对精神和情绪的影响

注：上述大多数物质引起成瘾和抑郁。

在狂乱环境下和安静环境下服用 MDMA 的体验会有不同。在有音乐和舞蹈的环境下服用 MDMA 可以产生令人愉快的恍惚状态，也许与经历部落仪式或宗教仪式类似。药物使人对触觉和声音更加敏感。

经常使用迷幻剂的人有时可能会体验到幻觉（尽管这可能是由于其他被当作迷幻剂来销售的药物如 LSD 引起）和妄想 (Saunders 1993)。随着频繁使用的次数增多，快乐的效应会下降，同时不良反应会随着剂量加大和使用次数的增多而增多 (Solowij et al. 1992)。

迷幻剂能够影响两种神经传递系统：多巴胺——具有机体兴奋作用（心率加快、疲劳感降低）和五羟色胺——具有移情作用（充满活力感、去除抑制）（PEDDRO 1998，pp. 12-14）。中枢五羟色胺能系统的功能障碍与抑郁、自杀和攻击行为、认知功能损害和情绪调节紊乱有关（Steele et al. 1994）。因为MDMA具有影响五羟色胺能系统的作用，就具有引起精神疾病的可能性（O'Connor 1994）。

据报道，使用MDMA后可出现抑郁（Bennazzi and Mazzoli 1991）、极度焦虑发作（Whitaker-Azmitia and Aronson 1989）和恐怖幻觉重现等反应。Curran等（1997）关于周末使用MDMA影响情绪和认知功能的研究发现，周末的“high”可以导致一周当中其他几天的低迷和注意缺陷。

与迷幻剂相关的主要危险是脱水和发热（PEDDRO pp. 12-14）。已有报道称使用迷幻剂之后可以引起大脑内自发出血（Harries and De Silva 1992）。此外，MDMA还影响肝功能，并可引起某些个体发生肝功衰竭。单次或多次MDMA暴露都可引起肝细胞毒性（Henry et al. 1992）。

因为迷幻剂滥用出现时间相对较短，其长期影响还不清楚。然而，MDMA绝对不像滥用者所认为的那样是一种无害性药物。其他文献报道的MDMA滥用的不良反应包括心律失常和肝细胞毒性、心脏病发作和死亡。MDMA也可促使神经精神疾病的发生。与迷幻剂相关的这些危险可能与机体本身存在的精神、神经或躯体问题有关（PEDDRO 1998，pp. 12-14）。

对精神和情绪的作用

物质对精神和情绪的作用依赖于以下几个因素：物质的本质和效能、使用剂量和使用者的个性、个体的遗传因素和情绪状态。

根据其精神活性作用，可将药物分成如下两类（Cohen 1976，p. 1）：改变精神和意识的药物以及改变情绪和情感的药物（表4）。

1. 意识 是人类精神的重要功能；它包括知觉、理解力和对内部或外部事件或刺激做出反应的准备。在医学实践中，有时需要改变意识的知觉能力，例如在手术操作过程中为了避免疼痛，需要借助心理暗示进行催眠以转移意识的焦点。吗啡和海洛因等阿片类物质可以降低意识水平并抑制感知觉，尤其是疼痛。使用这类药物就会导致一种被动愉快的状态，此时意识水平降低，遗忘周围事物——知觉麻醉。

药物引起的其他形式的精神和意识改变包括感知觉兴奋。LSD 等致幻剂能够引起这些体验。

在药物影响下，个体对环境变化的感受性和反应性发生改变。刺激-反应过程所涉及的生理活动和心理变化都会发生紊乱。按照 Hardin Jones 及其同事的观点（1997），绝大多数精神活性药物的使用，尤其是致幻剂的使用，可导致脑内化学物质平衡紊乱及反应机制失调。此外，由于控制中枢受到破坏，就会产生一些不真实的和歪曲的影像，使感知觉（如听觉和嗅觉）发生紊乱。从而使大脑所获取信息被曲解，以至于颜色能够被“听到”，气味和声音可以被“看见”。药物不仅能改变感觉信息，也能改变大脑对它的解释。

据阿拉伯故事记载（Kline 1977，p. 4），有三个旅行者（一个酒依赖者、一个阿片依赖者、一个大麻使用者）在天黑后到达一个城市，此时城门已关闭。酒依赖者大声说：“我们用力敲门直到有人被吵醒给我们开门。”阿片依赖者低声说：“也许我们应该都躺下来安静地睡到天亮。”大麻使用者用耳语般的声音建议说：“让我们通过锁眼滑进去。”这个故事描述了不同药物对行为的影响。

Jones（p. 50）报道，酒精和大麻等药物降低大脑的抑制能力（对本能欲望和情绪冲动的抑制）。抑制作用的丧失或降低与中毒程度直接相关。结果，由于大脑前额叶控制系统的紊乱，就会出现冲动行为的脱抑制或释放状态。

2. 改变情绪 是药物滥用的主要原因之一。这种改变可能是唤起快乐的感觉和陶醉感，或者是缓解不愉快感或抑郁情绪。为了追求这些情绪变化，就形成了长期药物滥用的恶性循环和成瘾行为。常常有不安全感和有社交障碍的人，以及没有获得解决问题的足够技能和应对机制的人更容易对化学物质产生依赖，当遇到问题时他们往往求助于滥用物质而不是寻找真正的解决方法。

维也纳著名的精神病学家 Viktor Frankl 认为借“麻醉法”来熄灭人的感受性一定意义上是一种“精神麻醉”，这种方法可以导致精神死亡。他主张（1967，p. 89）“仅仅因为可能导致的不愉快感受，就持续抑制具有真正意义的情绪冲动，会结束一个人的内在生命”。因为每一种情绪体验在人的现实生活中都是有意义的。不加区别地抑制不愉快的情绪体验（如焦虑）就像不辨别疼痛的原因就进行镇痛一样，会忽视了传递重要价值信息的症状。

值得注意的是，虽然这里对精神活性药物分类的标准是其基本作用靶点，但是它们对意识和情绪的作用并不是孤立的。此外，人虽然拥有各种神经生理系统，但仍然是一个有机整体，单纯分离任何一部分都不可能，也不合理，例如脑功能是无法与其他系统的功能分开理解的。同样，人的情感、认知、感知觉、心理洞察力和直觉都是以系统功能作为基础的。人脑和心灵之间确切的相互关系还远没有弄清楚，因为前者是物质的，可以被我们的感觉器官感觉到；而后者不是物质的，靠我们身体的知觉是无法进行测量或认识的。心灵就像一种能量，这种能量超越了我们的感知觉和智力能获取的所有东西；然而，它在我们生活中一直存在，就像思考能力，无法触及、看到或测量，但却始终存在。

感觉和精神力量的相互关系

人被赋予有五种感觉，通过这五种感觉人可以认识物质世界：视觉、听觉、味觉、嗅觉和情感。除这些之外，Bahá'í

Faith 创立者的儿子'Abdu'l-Bahá，将人的现实存在的其他方面描述如下：

> 人还有精神力量：想象力，构思事物；思考力，反映现实；理解力，综合了解现实；记忆力，记住所有想象内容、思考内容和理解内容。五种外向能力和内向能力之间的媒介是它们共同拥有的感觉——也就是说，在外部能力和内部能力之间起作用的感觉，将外部能力辨别出的信息传递给内部能力……例如，视觉是外部能力的一种，它看见和感觉到花，并将这种知觉传递给内部能力——共同能力——内部能力将这种知觉传送给想象力，想象力经过构思形成图像，然后将其传送给思考力；思考力反映和领会其真实性，又将其传送给理解力；理解力对其进行综合了解之后，将感觉到的目标图像传给记忆；记忆就将它存入记忆库中（*Some Answered Questions*, pp. 210-11）。

通过这种解释我们能够理解外界信息被传送到现实的内心世界的链条。这些信息可能兴奋或抑制情感，导致情绪和情感的改变。它们可能激发出智力活动的火花并产生出新的思想或想法。然而，值得注意的是，在某种条件下，感觉器官的感觉会受到扭曲或者感受到的图像或信息可能被曲解，因此，就会对客观现实产生不正确的印象。

例如：在酒精性妄想状态下，一朵玫瑰可能不被感觉为玫瑰，而是一个令人恐怖的物体，爬进观察者的思想并引起极大的恐惧和焦虑。使用酒精类物质引起的对现实的知觉错误被定义为错觉。LSD 和麦司卡林等致幻剂能够改变知觉和脑对从外部力量或外界刺激获得的信息的解释。结果，视力和听力可能会异常夸张，或者得到不合逻辑、不合情理的解释。物质也能影响内部能力，特别是想象力和对现实的领会，结果导致判断力受损和错误的知觉体验。

像'Abdu'l-Bahá 所描述的那样，人类思想是人心灵或理性灵魂的能力。

心灵是灯；思想是灯所发射的光芒。心灵是树；思想就是果实。思想使心灵更完美，是心灵的重要品质，就像阳光是太阳的重要必需品一样（*Some Answered Questions*，p. 209）。

Bahá'í描绘的这种影像中，将心灵比作树，将思想比作树上的果实，那么我们把可以把心理能力如智力、想象力、记忆力、推理力、理解力和发现能力全部看作思想，看作心灵的果实（图5）。所有这些智能的自然强度都可以被化学物质改变。在没有进行医学咨询以确保其适应证和安全性的情况下使用化学物质，物质的不良反应可能最终影响灵魂的进化并贯穿人的思想和性格的各种能力的发展。

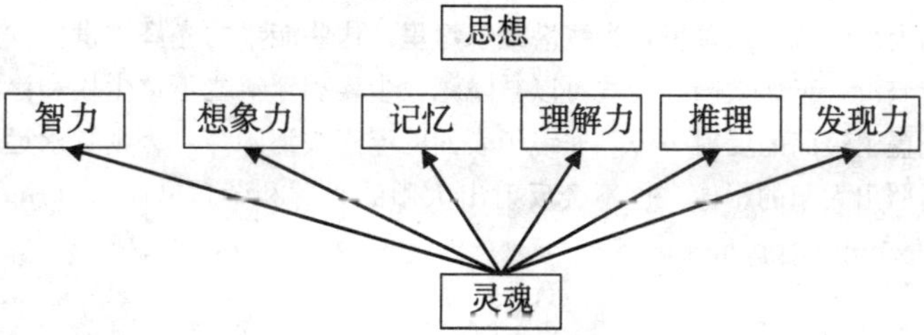

图5 理性灵魂和它的属性

在Bahá'í的现实人的概念中（Bahá'u'lláh and 'Abdu'l Bahá，*The Reality of Man*，p. 9），灵魂在人的生命中占据独一无二的位置。它是现实人的中心，周围是代表人类存在的智力、情绪、生理、社会和文化能力。这些不同的能力不是各自独立的，而是可以互相转化的（图6）。在各方面均衡发展的生命中，灵魂位居心灵重力的中心，将所有其他重要的能力统摄为协调的创造力并相互作用。一些个体由于他们先天的潜力和领悟力以及教育的帮助，在生命的某一方面可能会比其他方面取得显著进步。例如：在这些能力当中，我们发现艺术和科学领域的伟大学者们擅长智力范围的问题，而“圣人”则是受到启迪，并具有高尚的精神和道德的人。还有些人在身体发育上取得特殊进步，比如运动员和舞蹈演员。然而，引人注意的是任一方面的发育都与其他方面的变化没有必须联系。一个博学的学者可能对神秘的宇宙做了有意义的洞察，或者成为传媒名人，或者随波逐流过着隐遁的生活。人的成长和进步拥有巨大的潜力，但是潜力的挖掘依赖于各种因素，其中最重要的是摆脱过度的物质享受，因为过度的物质享受将会歪曲对真正自我的感知。因此个体应该保卫自己，通过健康标准的生活方式获得的力量。在 Bahá'í 的作品中，这样写道：

> 尽管上帝赋予人类能量……然而这些能量是潜藏在其内部的，正如火焰隐藏在蜡烛里，光线潜藏于灯里。这些能量的光辉被世俗欲望所淹没，正如太阳的光线可以被隐藏在尘埃和浮渣之下，尘埃和浮渣掩盖了镜面的反射……除非镜子表面的浮渣被清除掉，否则它永远不会照出太阳的影像，也不会反射出太阳的光辉和荣耀（Bahá'u' lláh, *Gleanings*，pp. 65-6）。

图 6　人类的多维性

10

物质滥用的精神预防

关于生命及其目的的思考

在这个行星上，人的一生就像是一个旅行者。任何旅行中都有探索、目标和目的地。旅行目标使旅行者的努力有了意义，目的地则是实现目标的终点。辨认正确的路径，并坚持不懈达到目的的智力和能力是任何旅行的指路明灯。智力本身是理性灵魂的一种表达，它能够超越任何物质限制。打个比方，如果说人的大脑是镜子，那么心灵就是太阳。为了显示太阳的力量，需要将镜子放到一个合适的位置，并清除一切模糊或妨碍太阳光反射的灰尘和浮渣。违禁药物就像灰尘一样会使智力这面镜子变得模糊和黯淡。

通过上述暗喻性的描述，我们能够理解滥用性药物的精神副作用是如何影响人的知觉和行为，并使生命丧失真正目标和意义，最终使生命的目标成为一种幻觉。对生命及其最终目的地进行心灵上的透视将给生命带来不同的意义。它不仅定义了我们与自我的关系，也定义了我们与我们美好未来之间的关系、我们与宇宙和它的创造者之间的关系。根据这一概念，可以改变思想和情绪的违法药物就变成了能够通过人工方法控制智力来获得满足和快乐的产品。研究表明当大脑的快乐中枢受到可卡因等物质的反复刺激时，多巴胺活动就会持续增强。然后，快乐中枢就依赖于上述药物以维持快乐的感觉。结果导致一些脑细胞对外来物质——可卡因、吗啡、海洛因等——成瘾。

宗教教义的目的是保护人类的精神和灵魂及教育大众，使他们能养成健全的和健康的生活方式，以促进社会的健康和文明的进步。研究（Pardini et al. 2000）表明宗教信任和宗教精神与人们的心理健康和躯体健康呈显著的正相关性。更为特异的是，信仰宗教的人们与高危险行为如酒精滥用的联系极少（Koenig et al，1994）。宗教信仰的一些方面与心理健康呈正相关，比如抑郁和自杀水平的降低及自尊的增强（Pardini，p. 347）。Pardini et al，（2000，p. 351）报道说：在 236 例正在摆脱物质滥用问题的患者中，大部分人对某种宗教有很高的宗教信仰。宗教具有积极作用的原因之一是宗教教义教育人们对自己、对他人、对环境及其创造者要有正确的精神态度。

如果我们考虑一些每天必须面对的问题，例如饮酒，就会注意到只要戒酒就可以解除数百万人因喝酒导致的生理和精神障碍。如前所述（本书的第二章），美国有 1540 万人是酒精中毒的受害者。除了这些人，另外还有 5600 万人受到上述 1540 万人酒精滥用或成瘾的影响。换句话说，有 7000 万美国人直接或间接受到酒精使用的影响（APA 1994）。俄罗斯为酒精使用和酒精引起的悲惨结果付出了更高的代价。因此，禁止酒精使用的宗教信仰无疑对这些人和全世界数百万人的生活具有指导意义。

如果考虑到酒精所致残疾可以遗传给胎儿并影响新生儿的事实，数以千计患有胎儿酒精综合征（FAS）的儿童本可以免受这种终生性疾病的痛苦。美国精神病学协会报道（1994，p. 5）每年有 8000 多名患有 FAS 的婴儿出生。这种人类悲剧是由于生活方式的选择以及一味沉溺于追求快乐的行为（如饮酒、药物滥用）所致，而这些选择和行为是可以预防的。“一切可以开始的也同样可以结束”，这是瑞典女王在 1998 年联合国大会上所说（参见本书 pp. 26）。如果我们在物质滥用所致躯体并发症之外，再加上社会、情感、经济以及其他损失，就会发现这一影响世界上所有国家的灾难有多么恐怖。

Bahá'í Faith 教义提倡科学事实与宗教价值观之间的和谐，并且注意到这样一个事实，在正确对待任何能够擅改我们思想——我们的真实性——的物质上不仅需要理智而且需要正确的判断力，因为这些物质所引起的改变可以导致我们甘受屈辱和人格毁灭。

据 Bahá'u'lláh 的教义，人类是“至高无上的”，“一笔不可估量的财富”（Bahá'u'lláh, *Gleanings*, pp. 259 - 60）。生命的目的在于充分实现自己与生俱有的潜力，并通过服务于人类共同建立充满公正、永远进步的文明。先进的和适当的教育是展示人性的真实性这一“宝贵财富”的关键。但是我们所选择的生活经历能阻止或促进教育的进展。酒精和药物的滥用就是实现高贵潜质的障碍。

Bahá'í Faith 认为只有思想和智力而不是躯体结构，才可以代表真正意义上的人（'Abdu'l-Bahá, *Paris Talks*, p. 4）。事实上，人的智力被誉为“Divine Bount 授予人类最珍贵的礼物”（'Abdu'l-Bahá, *Paris Talks*, p 41）。具有讽刺意味的是，被滥用物质的兴奋效应作为换取快乐的目标破坏的正是智力这个最珍贵的礼物！当今世界，有如此先进和精益求精的科学发现以及不断更新的药物疗法可以用来止痛和减少痛苦，但是令人不解的就是，为什么一方面，医生们在努力治愈精神分裂症患者的精神痛苦，而另一方面，却有数百万年轻人欣然接受违禁药物的毒性作用去损害他们的思想和智力，尽管其中一些药物（如可卡因）可以引起精神障碍，而且症状与精神分裂症或其他精神疾病的症状差别不大。

协调科学观与宗教观

在我们的科学、伦理学或者社会中缺少了什么，导致我们为了一时的满足宁愿走上这么严重危险的道路？宗教或是信仰是答案吗？评论家不同意这样的观点，过去宗教的典礼和仪式上经常为了获得“精神沉醉和灵感”而应用某些药物，特别是大麻（例如基督教前的印度教徒使用大麻，过去穆斯林教派的追随者也使用大麻）。事实上，还没有发现宗教有关于这些行为作为仪式规定的任何证据。是它们的追随者，大部分属于某个派别或是宗教分支自行创造了这些仪式。真正的宗教教义是反对以认识灵魂的借口使用那些可以改变精神状态的药物的。相应的，为了服务于人类思想和灵魂，协调宗教信仰与科学事实和逻辑是必要的。

下面是一个神圣的先知对人们的号召，他认为人类应该认识到自己在创造方面的富有和高贵：

噢，精神的儿子！

> 我创造了你的财富，为什么你将自己带向贫穷？我使你高贵，你却贬抑你自己？我赐予你真知，你为什么还要从别人那里寻求启迪？我赋予你真爱，你为何忙于与别人分享？将视线转向你自己，你会发现我仍然伫立在你的心中，依然强大、有力并自给自足（Bahá'u'lláh，*Hidden Words*，Arabic 13）。

药物滥用还是寻求认同？

关于人们滥用酒精和有毒物质使自己从内心的富有和高贵到贫穷和屈辱的解释之一是，人们在寻求他们真正的自我和生命的意义。从社会分析角度来说，我们可以认为物质滥用是一种对生命真理及其目的的化学探索。并不是所有的药物使用者都是享受快乐的成瘾者；有些人是在寻求自我，结果害了自己。如果我们仔细考虑我们创造力的神圣来源，也许就不会通过滥用化学物质来寻找真实的自己。Bahá'u'lláh 用这样的话来提醒我们：“你是我的灯，我的光芒在你体内。从它那里你获得能源，你向外辐射和寻找的，不是别的任何东西，而是我”（*Hidden Words*，Arabic 11）。我们可以说我们当中许多人变得太依附于灯而没有识别它的光芒吗？是我们太专注于我们的身体——以至于失去了与灵魂的联系吗？

对这个问题的回答需要信仰，信仰可以为被疏离的年轻人和气馁的人提供正确的指导、方向和实施原则。当今世界充满了令人痛苦和无助的生命危机，如果缺乏这样的信仰和精神信念，精神活性药物对于绝望中的人们来说，就会成为很有吸引力的选择。

拥有信仰和信念虽然也不可能立刻化解悲伤或解决社会不公，但是它们可以提供生活的希望与意义，这些恰恰是酒精和麻醉药物所不能给予的。如果人们拥有价值体系、信念和社会技能，就能很好地从生命危机中走出来，因为这些价值体系、信念和社会技能能够使人们为了实现生命目标和生命意义恢复希望。

以下的论述反映了 Bahá'í 理论价值体系在这方面的观点。它强调了行为举止的高尚性：

> 如此纯洁和神圣的生活，它有着谦逊、纯净、节欲、体面和思想纯洁的特点，需要降低在包括服装、语言、娱乐等方面的欲望而培养艺术、文学爱好。这种生活需要自己每天警惕以控制自己的肉欲和腐败倾向。它还号召人们放弃那些轻佻的行为，因为这些行为过度关注日常琐事并常常误导快乐。它要求人们对所有的酒精性饮料、鸦片及类似的成瘾性药物要全面节欲……它能宽容人们向理论、标准、习俗和过度衰老挑战。不但如此，它还会通过强有力的例子来证明，这些理论是有害的，这些标准是虚伪的，这些主张是空洞的，这些习俗是些反常的行为，这些过度应该遭受天谴（Shoghi Effendi，*Advent of Divine Justice*，p. 25）。

在当今社会中，个人自由已被误解：

> 所有人最高的渴望就是自由，这是他们的梦想，他们所表达的理想目标，是他们不断为之奋斗的目标。然而，在现代社会中很少有人

认识到纯洁就是通向自由的大门，因为只有纯洁才能使灵魂从世俗的束缚和压抑中解放出来（Lample 1999，p. 31）。

任何事物都能被使用或滥用。但是精神和智力的滥用可以造成严重的后果。它能使人类丧失精神的自然力量，如知觉、记忆力、判断力和其他认知功能和能力。物质滥用也可影响情绪，引起欣快或抑郁。许多合成的或天然的兴奋剂（如苯丙胺或可卡因）对情绪和思维都有直接影响。如果对人性和生活意义没有理智的理解，又没有科学知识的帮助，就很难使思维和情绪拒绝尝试自我兴奋的诱惑，尽管这种兴奋可能是暂时的。

宗教教义提供的道德框架有助于儿童时期生活态度的发展。除了知识之外，行为态度也可以塑造个人行为。行为态度是在幼童时期形成的，在后期生活中逐渐演化成生活方式。这些学到的人生态度就演变成了价值观；价值观引导人们对不同的行为作出判断，如饮酒或戒除饮酒。

“适当”饮酒的概念

当前社会上流行着“适当”饮酒的观念，在有关酗酒问题的争论中，这一观念的正确性已成为焦点。“适当”的定义与解释不仅模糊、多样，而且每个人的“适当”有很大的个体差异性。此外，当生活压力很大，应对技能很差，酒精又随手可得时，“适当”饮酒与“过量”饮酒之间就很难划分界限。许多嗜酒者最初都是“适当”饮酒者。考虑到控制饮酒的复杂性，一种完全戒除酒精饮料的更健康的预防观念正在形成。这也适用于其他易成瘾和违禁的药物。酒精“……可以引起慢性疾病、神经、衰弱以及精神亢奋……”（‘Abdu’l-Bahá，*quoted* in *Shoghi Effendi*，*Advent*，p. 27）。

Bahá’í Faith 理论对这些物质的使用持非常客观的态度：不仅要求全面戒除所有的酒精饮料，而且史无前例地客观描述了酒精和麻醉药等毒性物质对人类精神和灵魂的影响。

Bahá'í 观点的基本原则之一是遵守法律，真正的自由建立在忠实于上帝的基础上的。戒除毒性物质可以保护个体坚持真正自我的自由。

全世界 Bahá'ís 对于使用酒精的态度都是以 Kitáb - i - Aqdas Bahá'u'lláh 在“最神圣的书”中提出的 Bahá'í 法律为基础的。它规定，禁止以任何形式使用任何种类的酒精饮料。在其他著作中，Bahá'u'lláh 解释说：“要沉醉于充满上帝之爱的酒，而不要沉醉于可以破坏你思想的酒……”（'Abdu' l - Bahá，quoted in Shoghi Effendi，*Advent*，p. 27 ）。

在现代消费型社会里，很难想象除了物质的酒之外，还有其他能带来快乐和满足的“酒”。但这种酒确实存在，而且比藏在地窖中的酒更有效。它是神秘快乐的精神之酒。神秘酒的精神意义是象征着神圣的教育家。大口地喝这样的酒能获得精神上的满足。当为了人类的利益而大口饮用这种酒时，可以点燃一个人的良知，使其能够深入了解生命和宇宙的奥秘；刺激一个人的思想和灵魂，使其发现生命的新意义；同时拓宽一个人关于人类真爱的视野。通过饮用物质酒或者其他酒精类饮料及成瘾性物质，无法获得上述任何品质。相反，大量的科学观察结果已经证实酒精的作用恰恰相反，会引起混乱、宿醉和戒断症状。

Bahá'u'lláh 这样赞美精神之酒：

> 噢，尘埃的儿子！不要让你的眼睛远离你永远心爱的酒，睁开眼睛不要弄脏它们，也不要使人类糟粕沾染了它。从尊贵的圣杯持杯人手中接过它，你就拥有了所有的智慧，也就能倾听到无形领域的神秘声音了（Hidden Words，Persian 62)。
>
> 我们的目的是精神之酒加强人类对上帝的爱……，点燃心中的上帝之火和对它的爱，赞颂它，歌颂它。精神之酒的力量是如此强大，其中的一滴就可以吸引上帝的子民，使他能够感受到上帝降临（*Compilation*，vol. II，p. 246）。

以 Shoghi Effendi 的名义写的几封信，阐述了 Bahá'ís 在酒精使用方面，希望服从 Bahá'ís 法律的特殊情形。为了增加食物的香味而加入含酒精的液体是违背 Bahá'ís 准则的，因为这样也摄入了一定酒精量（*Lights of Guidance*，p. 351）。从事包括贩卖、运输酒精或其他违禁药品的商业活动也是不允许的（*Compilation*，II，p. 252）。促进戒除酒精和非处方药物的社会组织，包括匿名戒酒者协会（AA）受到鼓励，因为他们有益于人性的进步（*Compilation*，II，p. 249）。

关于非医疗使用药物的精神观点

Bahá'í 经文上非常强调对鸦片的非医疗使用的禁止。'Abdu' l-Bahá 说"鸦片侵蚀人的灵魂，泯灭使用者的良知，污浊了他的思想，腐蚀了他的知觉，最终使生命死亡，使人类固有的热情熄灭"（'Abdu' l-Bahá，*Selections*，p. 149）。他接着说鸦片的使用毁灭了人类的根本（'Abdu' l-Bahá，*Selections*，p. 149）。

鸦片和其衍生物最大的危害是使使用者快速形成耐受，导致强烈的躯体和精神依赖。医学研究（Ghadirian 1969）表明，这些物质对脑细胞的作用以及戒断症状的影响非常严重。

世界范围内鸦片滥用和成瘾的危险已经成为联合国及其麻醉药品委员会特别担忧的事情。Bahá'í 国际社区——联合国的一个非政府组织（NGO）代表，已经就预防并根除麻醉药和其他药物滥用的工作与联合国机构展开了密切合作。

Bahá'ís 对于麦司卡林、LSD 和大麻等致幻剂使用的态度也很明确，这点在 Bahá'í Faith 的最高统治机构——通用公平机构的陈述中有证明：

> 关于致幻剂所谓的"精神上"的优点……精神上的刺激应该来自把一个人的心投入到 Bahá'u'lláh，而不是通过物质的方法例如药物和

化学试剂……致幻剂是一种毒品。既然我们要求所有的朋友，包括年轻人，应该严格戒除所有形式的中毒性药物，进一步从良心上服从国家的民法。那么我们显然应该克制不要使用这些药物。

为了将来的和平和世界的更加美好，今天的年轻人肩负的责任更大。让 Bahá'í 年轻人成为他们同伴的榜样吧（Letter，15 April 1965）。

除非作为处方药用于治疗，Bahá'is 不能使用致幻剂，包括 LSD、墨西哥仙人球膏和类似的物质，也不要参与此类物质试验（Letter，19 May 1966）。

如果我们深深的思索生命的意义，把快乐和悲伤与人类灵魂联系到一起时，我们就会发现它们的新含义。'Abdu'l-Bahá 解释说人类被两种情感影响——快乐和痛苦：

……所有悲伤和忧愁都来源于物质世界，精神世界里只有快乐。

假如我们所遭遇的是物质事物的结果，那么所有的艰苦和困难都来源于幻想世界。

例如，一个商人可能因破产而抑郁。一个工人被解雇因而面带饥色。一个农夫因收成不好而焦虑不安。一个人可能因为新建的房子被火烧毁，无家可归，而处于绝望中。

所有这些例子都是使我们苦恼的事情，我们所有的悲伤、疼痛、羞耻和忧愁都起源于这个物质世界；而精神王国从来不会令人悲伤。一个生活在精神王国里有自己思想的人，知道什么是永久的快乐。所有的不幸都逃不过遗传（the ills all flesh is heir to do not pass him by），但他们仅仅触摸到生命的表面，生命深处仍然是平静而安宁的（'Abdu'l-Bahá，*Paris Talks*，pp. 110-11）。

当我们过度依赖于物质世界作为舒适和安全的源泉时，愉快和高兴就成为一种可以通过不同方式获得的日用品形式，包括使用酒精和兴奋剂。这种依赖只能带来肤浅的满足而不能得到真正的快乐或者生命意义的持久实现。

11

综合性一级预防

这本书尝试着增加公众对酒精和药物滥用给人的生活和成就造成的破坏作用的了解。俗话说得好，“防比治好”。

预防的知识和态度

一级预防目的就是要传播信息，防止非药物使用者开始使用药物。传播药物预防运动的信息可能要采用通知、警告、震动或者恐吓的方式。所有这些不同的方法都是为了提高人们对药物影响的了解，但并不是所有方法都会产生积极的效果。因为一个有效的项目，必须与相应文化匹配。成功与否取决于它对人们的知识、态度和行为有多大影响。获取知识比培养新的态度和行为技巧要容易得多。态度的改变可以作为预防计划有效性的指标。精神信念和宗教信仰能够增强人类克服药物问题的信心。

在减少需求和预防上，知识和态度是教育计划的两大支柱。在预防教育中，二者相辅相成，单独的知识明显不足以有效预防药物滥用，而是需要行为态度的改变作为支持。

预防的内容

物质滥用蔓延最主要的原因包括：①药物的可获得性；②对药物使用的行为学态度。因此，减少或断绝违禁药品的可获得性是预防的关键。因为这些物质的生产和运输不仅使药物的获得更加容易，而且创造了一个易于继续滥用药物的有利环境。一些秘密实验室制造的合成毒品（如苯丙胺衍生物）使控制毒品蔓延更加复杂。政府和法律执行机构致力于干涉毒品的运输和生产，但是忽视了一级预防，包括对群众性教育和公共意识活动的系统的、长期的计划。除了毒品的可获得性和行为态度这两个重要因素外，我们必须认识到其他的社会心理因素所起的重要作用。这些因素往往伴随物质滥用、失控和否认，这些因素在治疗和预防方面也需要得到重视。

联合国国际毒品控制计划已经划分出四类滥用性药物(1997)：

(a) 宗教的/文化的

(b) 医用的/治疗的

(c) 社交的/娱乐的

(d) 职业的/功能的

预防教育除了需要识别物质滥用问题的社会和职业参数外，还需要识别其文化参数。

本章主要集中讨论行为态度和公共意识在一级预防中的作用以及它们对酒精或毒品需求的影响。本文推荐的预防模式是基于社区的方法，同时强调促进健康的重要性。一级预防计划至少包括三种成分。

- 目标人群
- 信息
- 中介

目标群体可能非常广泛，可能包含全部人口或包括特殊群体如儿童、年轻人、少数民族、女性、老年人等。

教育信息应力求准确、客观，避免夸张的评论或对用药的危险性及冲击疗法的应用夸大其词从而造成恐惧气氛。否则可能达不到预期效果，甚至会破坏知识的可信性。因此，将重点集中在促进健康和对戒毒者的积极描述方面可能更有效。

近年来，预防物质滥用项目中的新趋势是促进健康的生活方式。这包括将焦点从“抵制毒品”转移到“促进健康”。重点在于强调怎样做才能保持健康、强壮和满足，而不是去详细描述毒品的副作用。学校和其他教育机构是这种大规模预防教育的理想场所。大众媒体活动在宣传健康的生活方式和教导人们利用个人的才华和能力进行自我提升方面也有着重要的影响。

预防的阶段

联合国毒品控制计划（UNDCP1998，pp. 1-3）就减少毒品用量问题确定了三个预防教育阶段：

一级预防：内容详述如下，该部分内容是本章的重点；

二级预防：识别处在药物使用早期阶段的个体，为他们提供教育和心理辅导，使这些人停止使用药物并考虑采用积极的和更健康的方法替代毒品；

三级预防：其重点是采用治疗方法终止强制性用药，并进行康复治疗维持脱毒行为。

一级预防

一级预防的目的是防止或至少延缓药物滥用的开始。公共教育是预防初级阶段的重点。向公众特别是目标群体，包括那些物质滥用的高危人群（UNDCP1998，pp. 1-3）提供有关违禁药物的知识、用药后的症状和体征。同时，一级预防通过提供积极方法来替代药物滥用，通过提供支持性的环境使成瘾者有机会获得生活技能和知识（包括如何处理压力、解决问题等），获得对生活目标及其他的深刻洞察，从而实现促进健康生活方式和无毒社会的目的。

要成功解决药物滥用和酒精依赖这样普遍和广泛的问题，预防措施必须是综合性的，必须考虑到社会现实的方方面面。现有的大部分项目主要着眼于毒品成瘾者和酗酒者的治疗和康复；却几乎没有成功的积极而全面的一级预防方案。与此同时，各国政府和私营企业还在直接或间接地大量投资生产和销售酒精和其他易成瘾物质。除体育和地方公共事件外，媒体为了国家和国际的利益，仍在继续向公众宣传使用含酒精饮料。至少在西方世界，不提供酒精饮料的婚礼、周年纪念、告别宴会或任何其他庆祝活动是非常罕见的。然而公众一致认为酒精滥用对人体健康有害，并且药物也无法阻止每年因酒精滥用带来的巨大危害。

世界卫生组织（WHO）精神卫生部前主任 Norman Sartorius，在 1986 年指出在毒品滥用地区实施预防任务有三大障碍。他认为其中最重要的是维持健康生活方式的优先权太低。在这里健康被定义为“……在总体环境和自身之间……一种和谐的平衡，这种平衡的维持需要躯体、心理、社会功能的相辅相成”（Sartorius 1986，pp. 2-3）。他觉得目前愉快、爱国精神、生产力、名声、他人的尊敬、外表和吸引力都比健康具有更高的优先权。Sartorius 的文章已经发表二十年了，尽管公众对健康生活方式的益处有了更多了解，但实践跟理论仍有一定差距。他指出的另外两个障碍是药物的成瘾性和当今社会充满压力、社交无助感和绝望情绪的环境。例如，他解释到，“在紧张了一天后分享一支烟或一杯酒可能（不幸地）会给人带来其他物质所不能提供的价值”。Sartorius 先生提议预防不仅应该列出可供选择的活动或对药物的生产和分配进行严格的限制，而且要教育人们关爱自己的健康，并通过成熟的抉择维持健康的生活方式（Sartorius 1986，pp. 2-3）。

教育在药物滥用的预防中的确发挥着重要作用，它不仅可以传递知识，而且还可以给儿童和青少年提供效仿的榜样。不幸的是，许多青少年却见证了他们的父母和亲戚言行不一的一面。早期教育及父母的态度在孩子将来生活习惯的形成中起着重要作用。在一个家庭里，如果母亲每天的头痛只能靠镇静剂或止痛药来缓解，父亲只有服了药才能睡着，常常需要喝点酒才能开始一天的工作，无论何时，姐姐去参加宴会时都要喝得烂醉如泥；如果家里所有的成员都要靠药物来止痛，或是需要药物来满足心理的安全感，那么在这种环境下，孩子就会有意无意地受到感染，进一步影响了他们将来的生活态度及应对压力的方法。对青少年饮酒和药物滥用的研究结果支持这样的观点：即问题使用者的父母之一往往是酗酒者或药物滥用者（Information Canada 1972, p. 33）。

为了建立多学科的、全面的预防策略，我们需要考虑很多因素。表2向我们展现了一些诱发物质滥用的常见因素，其中最重要的是：毒品的可获得性，个人、家庭、文化的作用，儿童期教育，焦虑情绪（如孤独、抑郁、挫败）的影响。

图6是预防青少年酗酒和药物滥用整体方案的结构成分的简短概括，它包括三个层次的教育：个人、家庭和社会（图7）。

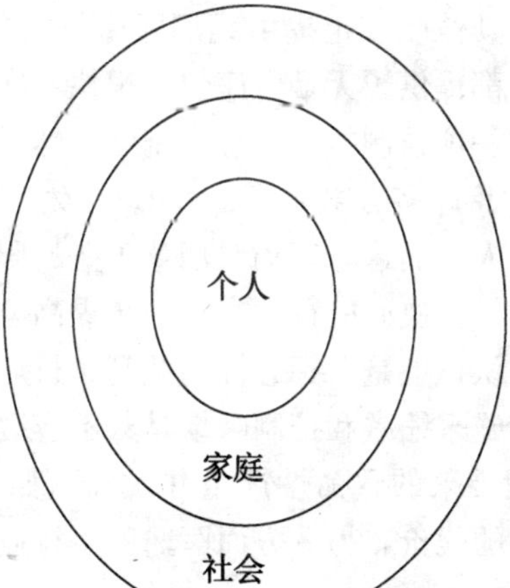

图7　三个层次的预防教育：个人、家庭和社会

个人

在所有预防物质滥用的项目中，个人的作用都是至关重要的。因为个人才是滥用性物质的直接消费者。个体通过消费一瓶酒或一颗大麻增加了这些物质的需求，从而促进了其生产和传播。同时，个体还可以通过他们的意志和行动，对“抑制药物滥用的流行”做出重大贡献。C. Stuart Houston 博士（1986）曾描述过一名女性主动发起禁烟运动，并坚持不懈地进行下去，最终导致禁烟在航空公司和其他交通工业主要部门广为应用的经过。

美国亚利桑那州 Betty Carnes 女士是第一个在飞机上要求并实际上也得到了无烟区座位的人。Carnes 女士经常往返于菲尼克斯和纽约之间，1971 年，她说服这条航线上的三家航空公司为她提供了无烟区的座位。随后，这些航空公司都收到许多赞扬此举的来信和在其他航线也提供无烟区座位的要求。几年之内，大多数航空公司都提供了无烟区座位。很快，在飞机上提供无烟区成为航空公司一项强制执行的规章制度。然后，这项制度被推广到火车、汽车及许多公共场所。Carnes 女士被商业周刊评为这项行动的发起人。而这一行动对烟草工业的影响至今还在。

这一充满勇气和决心的行动在进一步提高公众对吸烟或被动吸烟不良作用的认识上是个标志性的胜利。目前认为，在全球范围内采取重要措施来缩减和控制吸烟是刻不容缓的事情，因为一方面人类为吸烟带来的致命性严重并发症（如心脏病发作和肺癌）付出了沉重的代价，另一方面医药卫生行业为应对这种困境付出了很多努力。

WHO 烟草控制框架公约（FCTC）提出了在全世界禁止烟草消费的目标。FCTC 的终稿于 2003 年 5 月被世界卫生大会全部采纳。到 2005 年 2 月，FCTC 已在 57 个国家批准生效。这个协定号召所有国家：

- 5 年内禁止所有烟草广告和推广；
- 3 年内健康警示标记至少覆盖烟盒表面的 30%；
- 保护人们在室内公共场所和工作场所远离二手烟危害；
- 考虑增加烟草产品的价格和税收（引自 PAHOtoday, 2005）。

许多国家已经采用了综合法案禁止在工作和公共场合吸烟，包括酒吧、俱乐部和餐馆。2004 年 3 月，爱尔兰成为世界上第一个禁止在所有室内工作场所（包括酒吧）吸烟的国家。挪威、新西兰、不丹和苏格兰紧随其后。澳大利亚七个州已经通过了立法，加拿大九个省和美国九个州禁止在某些公共场合和工作场所吸烟（Brindley 2006）。其他国家已经在提倡无烟环境并立法禁止在公共场合吸烟，特别是在医院、学校、餐馆等场所。英国自 2007 年 7 月开始禁止在公共场合吸烟。

为探索个人在预防中的作用，我推荐可以考虑 Bahá'í 著作中的以下观点。当面对挑战时，个人力量日益增长且思想逐渐成熟：

1. 自我认识。人类通过其精神本性区别于其他物种。Bahá'í 圣经认为人是“至高无上”的，具有独特的特征和能力认识上帝、爱上帝（Bahá'u'lláh, *Gleanings*, p. 259）。此外，人类还被赋予理解能力，这是“上帝给人类最好的礼物”（'Abdu'l-Bahá, *Paris Talks*, p. 32）。

'Abdu'l-Bahá 认为人具有两种本性：一种是精神本性或高级本性，另一种是物质本性或低级本性。“精神本性使人接近上帝，而物质本性使人独立生存。这两种本性统一在人身上”（'Abdu'l-Bahá, *Paris Talks*, p. 55）。高级本性使人们表达积极的属性，诸如爱、仁慈、善良、真实和公正，而低级本性则使人们表现出虚伪、残酷、不公平和所有邪恶的品性。邪恶是人的低级本性的表达。高贵的品质和优良的习惯是人们精神本性的表达，而所有不完美和罪恶的行为都是人们物质本性的产物（图 8）。

理想的自我是由精神本性支配物质本性而表现出高贵品质和神圣属性的人（'Abdu' l - Bahá, *Paris Talks*, p. 55）。宗教和教育的目的就是增强人的高级本性，帮助人们发展基本的学习和爱的能力，并运用这些能力为人类服务（Jordan 1968, p. 4）。酒精类饮料和成瘾性药物的使用将满足低级本性而抑制高级本性的发展。

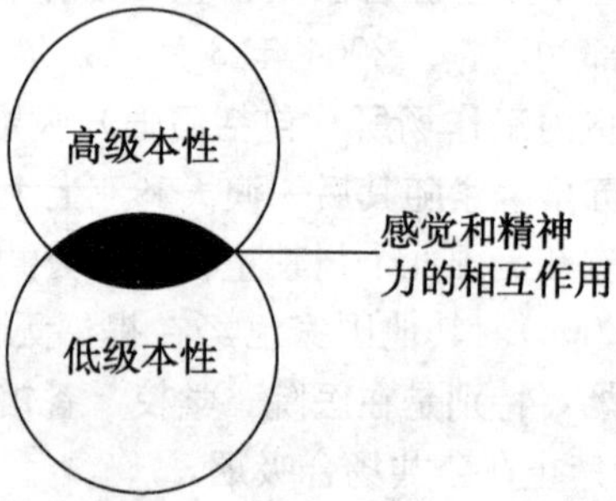

图 8　人的精神（高级）本性和物质（低级）本性的相互关系

2. 感知生命目的。人类的生命应该被一种使命感指引，只有这样人类存在才有意义。根据 Bahá'u'lláh 所述，生命的"第一冲动和首要目的"是了解和热爱上帝（*Gleanings*, p. 65）。这样的生命目的要求个体努力去获得神圣的美德和高贵的品性。这些美德和品性成为灵魂的品质，最终引起精神和物质本性的共同进步。Bahá'í 教义扩展了人们的视野，使人们超越了物质自我和低级本性。他们鼓励个体为他人健康作出努力。他们强调：人类的精神在他一生的历程中必须获得完美的东西才会得到启蒙（'Abdu' l - Bahá, *Some Answered Questions*, p. 200）。就像一个旅行者，游历了城市和乡村，便知晓所经历当地的文化和风俗，人的精神，通过体验人世经历，会获得某种特性和美德。在这个世界上生活压力、考验和艰苦为个体的成长和进步提供挑战。而物质滥用则会阻碍个体的生长发展，其能够提供的仅仅是幻觉上的愉快。

3. 感知人类的价值和高贵。人生来就是高贵的，应该接受教育，从而使他能够发现自己神秘的创造力和隐藏在其体内不可估价的潜力宝藏。正确认识人类高贵的创造力是预防的一个重要步骤。因此，在系统的预防教育过程中应该强调对人的价值和尊严的尊敬。我们看到那些酗酒者和药物成瘾者都失去了自尊和基本的高贵感。例如：北美土著人普遍存在酗酒问题的部分原因就是欧洲人发现美洲大陆使他们失去了对传统价值的尊严和自豪感。实际上，他们拥有丰富的精神传统和价值遗产。电影 *Honour of All*（1985）栩栩如生地描述了一个针对这些土著人的成功康复项目，反映了被酒精成瘾毁坏的他们重新发现自己的真实本性和这种本性如何帮助他们重新获得尊严和崇高理想的斗争过程。

Bahá'í 教义教育我们每个人对待自己的态度会反映出自己在创造上的主要命运。向酒精和兴奋性药物的破坏效应屈服与人的自尊感是矛盾的。

坚持抑制药物滥用的个体往往具有高贵的价值和信念，而这种高贵性通常在儿童时期通过教育、训练以及父母和公众的榜样作用培养起来。Bahá'u'lláh（用创造者的口吻讲话）将自我的真实本质阐明如下：

> 噢，我的仆人！你们能理解我的宽宏大量和慷慨是多么的奇妙！我愿意信赖你们的灵魂，你们将除去所有创造品的附属物，将获得对自我的真实的认识——一种和我所有的理解一样的认识。你们将发现除了我之外，你们不依赖于其他任何人，并将像我光辉灿烂的名字所揭示的那样，用你们的眼睛和内心彻底感知我的仁慈和慷慨之海在你们内心的活动。（Bahá'u'lláh，*Gleanings*，pp. 326 – 7）

4. 真正的自由。自由的真正意义在社会上有很大程度的误解。社会许可的自由被理解为在不侵犯他人权利的前提下，一个人有权利去做自己想做的任何事情。这样的社会严重忽视了个体的权利和对自己的责任。当一个人的低级本性替代高级本性处于支配地位时，就可以说这个人失去了自由。药物依赖最终剥夺了成瘾者真正的自由。Bahá'í认为自由是以遵从法律和宗教信仰所揭示的上帝的法令为基础的。这样的遵从可以阻止人们受到伤害，保护他们成为真实自我的自由。另外，个体的成熟度可以通过他能否为了高级本性的长期发展而延缓低级本性需要立即满足的欲望来评价。遵从 Bahá'í 关于药物滥用法律的基本原则为全世界 Bahá'í 社区提供了酗酒和药物成瘾的预防机制。正如我们所见，根据 Bahá' 教义，应禁止和严格避免医疗目的之外的酒精、麻醉药品和所有其他易成瘾物质的使用。

根据'Abdu'l－Bahá，自由就是将自己从本性中解放出来。他说（*Selections*，p. 302）：

> Bahá'u'lláh 的教义中充满了对人的自由的讨论，通过理想力量人能够从本性的囚禁中获得自由和解放；只要人受俘于本性，他就是一个凶残的动物，因为生存竞争是自然界严酷现实之一。生存竞争是所有灾难的根源也是终极痛苦。

5. 争取纯净。清洁和纯净是人生旅途中个人进步和精神进步所需要的重要美德。为了达到并维持这些品性，人们需要思考'Abdu'l－Bahá（*Bahá'í World Faith*，pp. 335－6）强调的话：

> 哦，上帝！无论条件如何，请给予 Bahá 的成员清洁和纯洁，从污秽中净化分离他们，从诅咒中释放他们，从习俗的束缚中解放他们，以使他们保持纯洁、自由、清洁、无瑕，从而有资格成为神圣门槛的仆人，与上帝结识。请帮他们摆脱酒精和香烟，并将他们从鸦片的毒害和愚蠢行为的传播中拯救出来！使他们成为神圣微风的伴行者，就可以体验享受上帝之爱的快乐，感受 Abhá 王国吸引的快乐和

幸福。

纯净也意味着思想和行为的纯净，以及从自我和热情的奴役中获得自由（‘Abdu’l-Bahá，*Selections*，p. 150）。通过练习自我控制和更高级的道德品质会使人接近完美状态。“完美的最高境界是纯净而没有缺陷”（ibid. p. 146）。

贞操是纯净的另外一种表现形式，也反映了运用道德控制性冲动的能力。性欲望和性需要应该通过婚姻来调节。贞操观念在预防中起着重要作用。由于性行为的混乱，HIV/AIDS急剧传播，这一现象提醒我们应该重新审查社会关于自我放纵和性自由泛滥的态度。通过号召使用干净针头和避孕套，国际组织在努力控制 HIV/AIDS 的传播，但是，除非人们关于性的态度和行为有根本性的变化，否则这些措施都将不会成功。

6. 敢于标新立异。学校或邻居同伴的压力是青少年中药物滥用蔓延的主要原因，是一个值得关注的严重问题。同样，成年人社交性聚会和派对常常会提供酒精饮料，这可以检验控制饮酒的能力和敢于被别人认为“与众不同”的勇气。无论是青少年还是成人，有勇气在其他人都饮酒或滥用药物的环境里拒绝使用，成为“与众不同”者，是一种值得称赞的美德。加入同伴使用酒精和毒品的行列是很容易的行为，而运用自身毅力和信念抵抗这些诱惑就是胜利。有趣的是，那些因为自己的信念敢于与众不同的人，往往会赢得同事和朋友的尊敬。

Viktor Frankl 认为“人最大的问题不是追求快乐或避免痛苦，而是寻找生命的意义”（1975，p. 179）。青年人物质滥用的部分原因就是出于一种探求，这是在寻找生命意义过程中的一种化学探求。它反映了那些发现当前社会缺乏意义的人的危机感。当今的年轻人从家庭和社会中接受到很多矛盾的信息和混淆的信号。在世界很多地方，他们仍然被看作是“大孩子”，而没有受到应有的尊敬，也不应该承担任何责任。因此他们按照社会对他们的期望而行动，结果常常丧失充分发挥潜力的机会，无法为人类社会的进步发挥应有的作用。

最近几年，年轻人发起的一项鼓励青少年“放弃毒品，珍爱生命”的运动发展迅速。诸如“聪明点，不要开始吸毒”的标语在儿童和青少年中广为流传。由此可见，年轻人之间的预防教育非常有效，应该作为整体预防的一部分。通过更加有效的交流方式，理解对年轻人及其在预防物质滥用方面的潜能，可以缩窄代沟。

7. 勇于为人类服务。个体与环境的关系不是静止的；而是动态的、不断变化的（Jordan 1970）。Bahá'í 教义认为每个人在其生命旅程中都在接受成为最优秀者和实现自己最大潜能的挑战。一个人的潜力可以通过自身在精神上、心理上、生理上以及其他方面的努力得到最大程度的展现。工作中的服务精神是受人尊敬的（Bahá'u'lláh，‘The twelfth Glad-Tidings’，in *Tablets*，p. 26）。在社会发展史上这是独一无二，并且通过一种职业为个人成长和创造力提供了重要的推动力。此外，它通过不同的方式释放个人潜能使之服务于人类。这对于药物滥用环境中经常观察到的冷漠、厌烦以及无用感提供了一种健康而有意义的解决方法（Ghadirian 1991，p. 7）。现今，药物滥用问题已渗透到工作场所。虽然在工作中使用药物可能反映了工作和生活的压力，同时也说明人们没有完全认识自己的职业，实际上，当我们尽心尽力完成工作时，我们不仅在为上帝服务，也在为整个人类服务。

8. 精神透视。在这个世界上，对人类命运的精神透视和认识将帮助个体发展正确看待自己和未来的积极态度。对生命的这种领悟，加上信念和理性，将赋予生命新的意义，也能使人积极地与充满压力的环境产生联系。坚定的精神立场可以使人自信十足地对毒品和酒精说“不”。当我们做到这些，就会发现源于内心深处真正的满足，而不是药物诱导的兴奋。

9. 应付压力。一定的压力对人的动机和生产力是必需而有用的。但是，当压力的程度超过我们的反应和适应能力时，就会产生危机。应对压力是一个过程，很大程度上依赖于我们对它的感觉和对其作出的正确反应。在北美，向家庭医生咨询的人中有三分之二是急性应激相关问题。生活应激、抑郁、家庭和工作压力都会导致酒精和毒品的使用。一些应对应激性生活事件的建议如下（Ghadirian 1987）：

(i) 对危机和引起危机的因素有清晰明智的了解。同时评估自己的资源和其他可获得的支持。

(ii) 个体对应激及痛苦的感觉和态度决定了他努力应对的结果。理论上说，当事人应该承认危机的真实性，并寻找现实而实用的解决方案。能否成功应对取决于个体解决问题和进行决策的技巧和能力。同时也依赖于接受应激所致后果的情感承受力和适应性。

(iii) 评估个体的资源（躯体、心理、社会和精神资源），并对专业或社会需求进行相应调整。

(iv) 目标导向的活动中，要加强合作而非竞争。前者与Bahá'í的团结一致的理想观念相似，而后者会滋生自恋和自私情绪。此外，过度追求物质享受也会加剧人们在遇到不幸时的痛苦感。

(v) 根据自己的能力，适当调节职业压力和日常生活负担，在个人、家庭生活和事业之间建立一种平衡很有必要。

(vi) 加强与朋友、亲戚、同学或同事之间的联系。如果这些关系是非常亲密而成熟的，在危急时刻它们就是当事人的支持系统。有相爱的人或者共同分享喜怒哀乐的人是成功应对危机的重要因素。在社区中人们应该培养并发展积极的社会联系，从而避免孤独和寂寞感。

(vii) 接受不可避免的失败。应该拥有个人信仰和信念，从而使生活具有意义。相信上帝是力量的最终源泉很重要。

家庭

作为社会的基础，家庭在预防物质滥用方面发挥着重要作用。在幼年，父母，尤其是母亲，是孩子的主要榜样，直接影响他们将来对酒精和药物的态度。根据报道（Smart 1976，p. 10）：

> ……母亲饮酒对孩子的影响似乎比父亲更大，女孩比男孩更有可能模仿父母饮酒。一些证据也提示，宽松的管理，尤其是母亲的宽松管理，加上父亲的拒绝，对饮酒和醉酒的影响比父母实际饮酒更大。

这一研究进一步解释了母亲作为孩子的第一位家庭教育者的重要作用。双亲对生活中喜怒哀乐的反应模式是孩子的重要榜样。例如在家中任何原因的饮酒，都可能影响孩子对酒精使用的态度。因此，父母可以通过禁戒酒精和成瘾性药物给孩子提供健康无“毒”的成长环境。

家庭环境是从内部控制人的本能和欲望的基石。如果这种控制没有在适当的时间建立起来，那么可能需要通过社会规章制度强制进行外部控制。如果内部和外部控制都没有建立起来，那么社会允许药物滥用的意识就会泛滥，此时如果药物容易获得，那么药物成瘾的水平就会显著升高。

儿童和青少年是对各种药物最易感的群体。

> 成长过程中的孩子处于寻找爱、理解和感情支持的过程中，当这些没有来临时，毒品便成了他们的支撑。不幸的是，这些支撑是那样的脆弱……无论是在工业化国家还是发展中国家的城市里，孩子们都是如此缺乏适当的运动场所和适当的娱乐设施，缺乏训练社会技能和创造性技能的培养计划，缺乏可以充分提供诸如关爱、理解、鼓励、支持、友谊和个人价值感的家庭和社会环境，以至于转向毒品寻找支持（Ling and Boutle 1979，pp. 10，13）。

Bahá'i 的观点是教育孩子正确认识一个人与自己的创造者和自己的关系是极端重要的。前者增强他们对宗教训诫的信仰和对法律的遵守，后者帮助他们更好地理解生命的宝贵。做个比喻，人类的躯体就像一座寺庙，向外发出神圣的光芒。每一个人都应对自己的身体和内在精神的健康负责。因此就需要教育孩子们认识到他们自身的高贵和他们与生俱来的创造力。

儿童期教育还应该强调接受苦难、不适和逆境作为成长和成熟的重要组成部分的必要性。孩子们必须掌握延缓满足即刻欲望的能力，发展相当水平的宽容与成熟。青少年面临双重任务：既要根据自身的心理-生理变化进行调整，又要像成人一样应对迅速变化的环境带来的压力。在这种心理社会变化和转换过程中，他们会感觉到适应的痛苦，如果成年人对他们的需求不敏感，这种痛苦就会加剧。在他们寻找解决问题的方法时，有可能转向精神活性药物。因此父母需要理解孩子的这种变化，并帮助他们认识心理节奏和冲动的本质。年轻人也应该意识到引导他们寻找真实自我的清醒的精神动力的存在。父母和社会在年轻人成长过程中肩负着重要责任，为年轻人提供工作机会，将他们的动机、热情、理想转化为对人类的产出性服务，并鼓励他们发现自身与生俱来并反映在生活中的高贵品性。

在预防和治疗青少年酒精和毒品滥用方面，交流是另一个重要问题。父母或其他成年人发现孩子吸毒，如果表现出严厉、耻辱的态度，只会导致更进一步的紧张、孤立和疏远。相反，如果父母能够机智地与孩子交流，以不构成威胁的方式去理解孩子，他们就会知道孩子滥用毒品的原因。如果父母用真诚和关爱的态度去处理这些问题，青少年就会更加信任父母，愿意进行深层次的交流和理解。

在家里和社会上，青少年都需要强劲的行为榜样。许多孩子，尤其是破碎家庭走出来的孩子，缺乏认同榜样的机会。对父母的不信任感使得一些孩子难以认同父母的榜样作用，更难与他们交流自己的情感和挫败感。在这种情况下，他们就会放弃父母而转向同龄人，安心而坦然地同他们一起分享情感。

药物滥用领域的研究者 Andrew Mecca 认为“建立认同感和目标，相信个人价值和能力能够满足现代生活的挑战，清楚理解成功生活的意义，都是帮助年轻人抵制药物滥用的诱惑所必需的条件（1978，p. 144）”。对自己有更多积极看法并且有着强烈自信心的孩子，在面对生活压力时更加积极，而不会借助毒品。Mecca 推断：现有体制趋向于鼓励消极价值观，增加问题，而不是鼓励积极的生活方式。

加拿大非医疗目的药物使用调查委员会，在大量文献调研之后，参考 R. H. Blum 及其同事的工作，提出以下几项危险因素来帮助识别哪些家庭的孩子们更有可能吸毒（Information Canada 1973，pp. 26-7）。委员会将家庭分为高危家庭和低危家庭。也就是说高危家庭里的孩子成为吸毒者的机会更高，具有以下特征：

1. 父母对他们作为父母的角色和婚姻伴侣的角色缺乏认同感；

2. 母亲在家庭中占支配地位而父亲在家庭中缺乏权威；

3. 父母对自己的价值观没有信心或者不能果断地将正确的价值观传授给孩子；

4. 在抚养孩子的过程中，对孩子的关爱和纪律之间失衡；

5. 家庭内部不善于表达情感，而是习惯于采用理性方式处理情感；

6. 夫妻之间的关系不能给孩子以安全感和信任感；

7. 家长和孩子缺乏交流；

8. 部分父母相当严重地依赖于各种药物；

9. 缺乏宗教信仰以及对权威的敌对态度。

低危家庭具有以下特征：与高危家庭形成对比，这些家庭显示出强大、温暖、完整的家庭生活模式，对孩子的关爱和纪律有机结合；父母之间有着非常融洽的关系，认同自己为人父母的角色和为人妻子或丈夫的角色；父亲作为领导者，有权威但不专制——既温和又坚定还具有幽默的气质；父母对如何抚养孩子非常有信心，也很清楚应该向孩子灌输什么样的价值观，明白应该对孩子强调信仰上帝、尊重父母、自我控制、宽容和尊重他人。有了这样的标准和纪律框架，孩子们实际上被赋予相当大的自由空间和个人职责。

因为他们知道父母期待什么，他们的判断力显得非常有信心。低危家庭的孩子不易受到同伴压力的影响。因为他们从家庭里获得指导和支持，他们似乎不依赖别人的支持和引导。值得注意的是，低危家庭的父母和孩子对他们自己和对方都更加宽容，他们爱自己，也互相爱着对方，他们相互之间不会有太多期望（Information Canada 1973，pp. 26 - 7）。

虽然委员会在上述的概要中把父亲作为家庭的领导者，但是母亲的角色同等重要，不能忽略。

委员会也注意到父母用行动表达他们的想法比用语言更加重要。例如：如果父母自己使用毒品和酒精，那么他们反对孩子使用这些物质的理由就没有说服力，他们已经用行动为孩子树立了榜样，这种榜样的力量是语言无法改变的。

家庭的团结、婚姻关系的稳固在预防中也起重要作用。经验表明，分居、离婚以及其他形式的婚姻破裂，是许多物质滥用案例，尤其是酒精依赖的原因。前面章节中引用的作者的研究工作描述了这样的例子，作者的研究表明许多物质滥用的孩子来自父母分居或离婚的家庭。

社会

药物滥用首先是一个健康问题，社会在预防物质滥用方面承担着重要责任。任何预防项目都应该针对所有阶层的民众。预防项目均应涉及社区、体育文化中心、学校、儿童行为指导服务行业、卫生保健行业、咨询医生、教育者、演艺人员和执法机构。社会应该充分利用资源，加强执行对违禁药品供应和运输的管理条例，并限制违禁药物的需求——限制那些药物在医疗治疗中的需要。

假如有一个协调的教育系统，人们能够认识到药物的双重特性：在医务人员正确指导下使用药物会起到治愈疾病的作用，而自己使用就起到破坏性作用。考虑到很多止痛药和治疗精神疾病的药物有成瘾性，而在很多国家这些药物作为非处方药，不用处方即可购买到的事实，教育人们认识自我用药的危害是必要的。据估计大约百分之七十的药物依赖和滥用者都是由于误用镇静剂和安定类药物所致（WHO 1987）。这个数字提示医务人员在预防药物滥用的全球性规划中需要面对巨大的挑战。不幸的是，在当代工业化社会里，获得即刻满足和立即缓解疼痛和不适的愿望如此强烈，完成这项任务不会很简单。

工作场所是社会环境之一，在这种环境中使用烟草、酒精和非法药物对于健康和安全都有害，因此有必要在工作环境中采用预防性规则和教育项目进行预防。这方面的例子就是ILO（国际劳动组织）1996年制定的操作法规，这一法规强调预防措施，内容如下：

1. 要求老板和雇员及他们的代表联合评估酒精和药物使用对工作场所的影响，并协力为企业制定出一个书面的政策；

2. 把酒精和药物相关的问题定义为健康问题，并像对待其他职业健康问题一样，建立必要的应对措施而不是给予歧视；

3. 关于工作场所药物和酒精滥用的政策应该覆盖酒精和药物相关问题的预防、教育和管理的所有方面，并且有关信息、教育和培训项目应该灵活结合起来，以便在广大人群中实行；

4. 在建立利于协调一致的有效行动的伦理性原则方面还有很远的路要走，如个人资料的保密性，老板惩罚工作出错的员工的权威，即使这些错误与药物和酒精使用有关（ILO 2006，

p. 36）。

医务人员应该教育公众把健康摆在更加重要的位置上。健康的定义是综合性的，包括躯体、心理、社会和心灵等各方面的健康。应该通过会议、讲习班、研讨会的形式教育公众合理使用处方药和非处方药。奉献自己的时间、知识和技术来治疗病人（包括药物成瘾者和酗酒者）的医务人员，也应该通过自己的行动证明戒除这些物质的重要性。酒精滥用在当今社会非常流行，因此禁绝酒精使用对于内科医师和其他医务人员来说是非常严肃的道德挑战，因为他们清楚地知道酒精对人体和精神的损害作用。Auguste Forel 是一名著名的瑞士内科医师、教授，是苏黎世地区精神病医院的主任，曾被一个皮鞋匠成功治疗酗酒病人的事迹深深感动。尽管 Forel 常常将他的一些酗酒病人介绍给这个皮鞋匠，他还是很不好意思承认一个普通的皮鞋匠在处理酗酒病人上比他成功得多。一天 Forel 问这个皮鞋匠成功的秘诀是什么。

> “我想让你解释下为什么？” Forel 说，“我是一名精神科医师，是一个专门给人治病的精神病院的主任，而你只是一个皮鞋匠；但是我从来没有彻底治愈过一个酗酒者，你却能如此成功地治愈他们，这是为什么呢？” 这个皮鞋匠用一个理解的微笑回答他：“这很简单，主任先生，我是个戒酒者，而你不是！”“是的，” 我说，“我很久一直为此感到非常羞耻，却一直没有勇气开始戒酒……，但是现在一切都结束了，我发誓，从今天开始我是一个戒酒者（Forel 1937，pp. 159-60）。”

这一经历对 Forel 的职业和他对饮酒的态度有着决定性的影响，就是从那天开始他和他的妻子开始戒酒，他开始成为一个积极的戒酒拥护者，并成为国际好法律家组织中最活跃的成员之一（Forel 1937，p. 326）。

危险人群

每个人都有形成药物和酒精依赖的潜在危险性，而社会上某些特定人群如果不了解使用酒精和药物的危害并且拥有这些物质，那么他们更容易产生这种依赖性。这些人群包括青年人、老年人、对镇痛药和镇静药有依赖性的慢性疼痛患者、因患有情绪不稳定需要使用镇静剂、镇静药或酒精镇静的人。许多行业的人员，包括医务人员，被希望具有高效率以完成源源不断的工作任务，这些人群往往无力应对压力，因而用酒精或镇静药来缓解压力。因为战争、社会不公平而遭受突然打击、严重的物质损失或情感缺失的弱势群体和个人可能会表现出物质滥用的潜在危险。最近几年，女性和学龄期儿童物质滥用的人数明显升高，这个现象在预防方面给父母以及健康教育者提出一个新的挑战。

正如第五章提到的，在西方国家越来越多的女性开始喝酒、抽烟。酗酒女性人数的增加特别让人震惊。当今女性需要面对在社会上履行她们作为妻子、母亲和职业女性职责的困难任务。现在还不能说是男女平等的社会，女性仍然在为争取在社会各个阶层的位置而奋斗，这就必然导致女性巨大的压力和应激，尤其在那些女性权利仍然被剥夺的国家。孤独也是导致女性酗酒的一个普遍原因，这一点对于预防项目有着重要的提示意义。

下面是 Brigid McConville 在她的《受到影响的女性》(1983) 一书中报道的案例，描述了许多西方女性的困境：

> 我的邻居经常对我说“琼，你为什么要酗酒？你有四个可爱的孩子，一个美满的家庭，一个很好的丈夫”，我总是责备我的丈夫和诸如此类的事情，但是我确实不知道我为什么酗酒，我总是一开始饮酒就不能停止。
>
> 我的小儿子 Malcolm 受我喝酒的影响最严重。他很孤僻，从不与其他孩子一起玩耍。他每周三天去一个特殊学校上学，在这个学校里他要求喊他 Malcolm，而在另一个学校他要求被叫作 Nigel。我不相信这一切与我酗酒有关，我总认为这一切是他老师的错，或者说是因为他很像他的父亲，也是一个孤僻的人。
>
> 我感到很羞耻，因为对家庭的影响和不能做个“正常的”母亲倍

感内疚。我常常想成为一个“好”母亲——一个能为孩子烤面包、缝纫衣服、唱摇篮曲和收拾房间的母亲，但所有这些都没有自然地降临到我身上……

我 19 岁就结婚了，婚后第一年就生了第一个孩子。从那时开始我开始服用苯丙胺来治疗抑郁症。这种药物使我感觉良好并且美丽，我认为我可以达到我丈夫的姐姐的要求了。我记得自己曾经坐在那里做几个小时缝纫。

25 岁时我因为苯丙胺成瘾而被送到精神病医院。出院后我就开始和一些朋友到酒吧喝酒，和药丸作用一样，豪饮使我感觉良好和美丽。

但是我比朋友喝的多。我总是喝得很多很快，等到酒吧打烊我才肯离开。我不能够停止……大概经过三年的酗酒，我和家庭的一切都没有关系了，我的女儿就在上周告诉我，孩子们认为酗酒的女人是从酒瓶子里出来的；酗酒的那个女人不是她们的妈妈。但是我不知道这些……然后我的大女儿离家出走，双胞胎只有十几岁，也常常待在外面不肯回家。只有小 Malcolm 还在家里，陪我在酒吧豪饮。我要求他午餐时间从学校回家为我买酒。我多数时间待在卧室里。我很脏，我从来不洗衣服或者烧饭。

我时常在街上游荡。四十岁时我成为一个嬉痞。我到我女儿去的迪斯科舞厅。我打猥亵电话。我总是离家出走。我的家庭一团糟，我感到无比的孤独和害怕。

然后我认识的一位女士来和我谈话，她没有责怪或问我为什么酗酒。她只是问我是否有困难，能够回答“是”对我而言是一种巨大的解脱。她非常善解人意地跟我交流。她和我一起拨通了匿名戒酒者协会（AA）的电话。那是六年前的事……两年前我的两个儿子在一次意外事件中被杀害，六周后小 Malcolm 也死了。如果没有戒酒者协会的帮助我可能已经不在人世了……那些不酗酒的人有时喝酒的原因可能和我一样——因为他们感到不适或者很累。但他们没有持续喝酒。在酗酒过程中，犯罪感、恐惧感以及愤怒感如此之深……这种愤怒使我躯体和精神直到现在都处于衰竭状态。

很多女性没有自我价值感。我们女人有太多的压力要成为苗条、迷人的职业女性，要为家庭和孩子而幸福。然而，我所看到的最幸福的人只是每天生活很平凡的人（pp. 5-10）。

有滥用某种药物、特别是酒精的特殊风险的另一个人群是那些酗酒者的后代。遗传易感性使得他们对这种疾病更易感。

演艺人员和一些名流容易受酒精和药物依赖影响。这种现象不仅仅是因为在娱乐圈里盛行着允许使用这些物质的气氛，并且容易得到这些物质，还是因为他们的职业环境，尤其是娱乐表演，需要激情以感染观众，而演员在没有刺激的情况下并不是总能够保持激情。

目前老年人物质滥用的人数在不断增加，这一现象应当引起特别关注。老年人最常滥用的物质是酒精。他们需要忍受太多的孤独，因此常常借用酒精来忘记生活中的残酷现实。对于许多丧偶和孤独的老年人来说，酒精是他们获得快乐的唯一源泉。他们中许多人失去了配偶或亲密的亲戚和朋友，而他们的孩子都建立了各自独立的家庭生活。“空巢综合征”反映了老年人的孤独，这些老年人怀念属于他们的温暖和快乐。据报道（Dobbie 1977），1969 到 1973 年间，加拿大遭受酒精毒性痛苦的 60 岁以上女性死亡率上升 500%。同期，该人群中由于合并使用酒精和其他药物的 60 岁以上女性死亡率增加了 67%。除了酒精滥用之外，错误使用或滥用处方药和非处方药的现象在老年人群中也是很常见的。老年人往往拒绝承认酒精滥用，因为害怕承认他们的问题会导致他们在孤独和不友好的环境里唯一满足的源泉被剥夺。

药物滥用的其他选择

社区成员在相互合作和统一目标的基础上积极参与预防药物滥用的项目，能够促进社区的健康发展。在理想环境里，年轻人应该不断地受到鼓励和挑战参加各种不同的项目和活动。精神科医生 Saul Levine 说：“除非我们的社会体系将一定程度的目标和计划渗透到青少年中间，否则我们社会中的青少年问题就不可避免要发生（Levine 1980，p. 33）。”

通过家庭和社会的努力，有许多方法可以帮助儿童和青少年认识他们全部潜能和价值。下面一些活动是被建议采用的一些可能的方法，这些方法可以通过智力、身体、情感、社会和心灵能力的发展来促进人的全面发展，并成为预防物质滥用的综合项目的一部分：

1. **智力活动**。正如 Allan Cohen 所指出的（1971），这些活动提供了具有创造性特征的感觉、知觉和智力的刺激，比如进行文学、自然科学或历史学方面的比赛，或者学习艺术、音乐或哲学。这些不仅可以使人获得新的知识，而且有助于克服心理上的情感淡漠和厌烦。

2. **体力活动**。这些活动通过获得和完善新技能以促进体格、职业技能以及创造力的发展，体力活动还可以促进健康和自尊。青年人可以通过各种户外活动，如室外劳动、园艺活动、体育运动、操练、探险、生存挑战等等，来欣赏大自然的美丽，并通过对大自然的挑战作出反应来提高学习大自然的欲望。

3. **情绪表达和交流**。在青年人中培养爱心和友谊会促进他们对苦难和不适的耐受。还有助于促进愉快感、悲伤感或愤怒感的交流和表达，并因此预防孤立感的产生。例如艺术、戏剧和音乐能够帮助许多不自信的人用有意义的方式表达他们的情感。

4. **社会活动和支持系统**。社会活动和支持系统针对普遍范围内教育模式的发展，这个教育模式会给每一个服务于人类和有益于人类的人提供均等的机会，同时这些活动可以培养对实现人类和平与统一这一崇高理想的决心、希望和热情。它能够使年轻人参与人道主义活动，比如帮助穷人和残疾人；并且它是抵抗现代生活中自我中心和厌烦情绪的积极力量。有报道提示“过度使用药物常常是对自身的需要、思想状态、感觉、不适和愉快有过度偏见和对别人不信任的反映。从事为其他人服务的工作可以预防和治疗药物滥用”（Information Canada 1973，pp. 237-8）。

匿名戒酒者协会（AA）是世界上康复和预防酒精依赖最大和最成功的组织之一，已经建立了基本的哲学信念、行为规则和广泛精神领域中的互助关系。匿名戒酒者协会的主要目标是帮助它的成员保持清醒并帮助其他酗酒者成功戒酒。它的基本原则之一是以帮助其他人作为自己康复的方式（Information Canada 1973，pp. 237-8）。同样的原理，Bahá'í 的著作也认为个性的最高表达方式就是服务于社会，这种观念喜欢在全人类范围内培养助人为乐的态度。

在匿名戒酒者协会的原则和实践中，众所周知的 12 个步骤阐明了这个成功的国际组织的基本特征。一些步骤与 Bahá'í 关于个体与他的创造者之间精神关系的观念非常一致，例如：其中一个步骤认为存在着“超越我们自身的力量”维持我们的健康。另外一个步骤认为“我们作出决定来转变我们的意志和生活，从而我们得到了我们所理解的上帝对我们的照顾”。

匿名戒酒者协会还有 12 个传统，在他们的小组会议和帮助其他人的过程中要遵循这些传统。在这里我们再次发现了这个协会的某些原则是完全精神化的，在预防和康复过程中起着重要作用。其中一个传统声明：“对于我们团体的目的而言，有且仅有一个终极的权威——博爱的上帝，因为他可能隐身于是我们团体的道德观念中。我们的领导者是可信任的仆人，而不是统治者”。这一点和 Bahá'í 的仆人就是个人成长的最高表达的观念很吻合。匿名戒酒者协会的 12 个传统强调为了个人恢复而团结的重要性和身为 AA 成员的唯一要求是有停止饮酒的愿望的事实。他们也强调在个性之上要讲究原则。协会的力量在于信任上帝和在诚实、正直和真诚精神指导下的互助关系。

AA 会员最感人的祈祷之一如下：

> 上帝让我平静地接受我不能改变的事情，鼓励我改变我能够改变

的事情，并给予我区分它们的智慧。

社会在预防方面的另一个作用是通过教育体制增加公众对毒品问题危害性的认识，这是非常重要的作用。所有初级和高等学校在他们的课程里都应该包括对酒精和滥用性药物的本质和有害作用的明确的、客观的介绍。我相信让学生们知道这些生活常识与让学生获得传统的学校科目如科学、艺术、历史、或体育教育一样重要。在教育系统应该着重强调卫生教育和关于生命的真正目标和意义的教育。不幸的是，当前学校课程仅仅是为了累积知识而勉强设置的；而关于人类能力和内在潜力的发展极少被关注。

社会必须帮助青少年在有用且有意义的活动中发挥潜力，并为他们提供足够的机会得到智力、情感和精神刺激，从而消除他们采用酒精和药物诱导兴奋的渴望。

其他预防措施：控制药物的可获得性

在预防方面滥用药物的可获得性是另一个重要因素。二百年之前，这一问题就已经得到了大家的公认（Domestic Council Drug Abuse Task Force 1975），即药物供应的减少和消费者对药物需求的下降之间有直接关系。前者是政府和执法机构的工作，后者在很大程度上说是个人、家庭和社会的神圣教育责任。

毒品的可获得性影响毒品使用传播的最佳例证发生在日本。二战刚结束时，苯丙胺在日本很容易得到，结果苯丙胺滥用的流行席卷了整个国家，而在此之前，日本的酒精和药物滥用比率很低。在美国，1914 年哈里森法案的通道首次将鸦片制剂列为非法物质，在此之后鸦片使用者的数量降低到以前的一半（Domestic Council Drug Abuse Task Force 1975）。

哥伦比亚大学的 Gabriel Nahas 在他的文章“预防：唯一的解决办法”（1987）中，通过揭示历史上药物的可获得性和公众对药物的接受性在药物成瘾传播中的决定性作用来对这一问题进行了深入探讨：

> 历史记录显示，在成瘾性药物容易获得并得到公众认可的社会里，成瘾性药物被广泛消费，药物的使用会引起普遍的个体及社会损害。1858 年鸦片以合法交易的形式被强加于中国。到了 1900 年，有 7500 万中国人染上鸦片瘾。直到新中国成立后一系列强制性措施的实施才使中国成为无鸦片国，中国人为此付出了 50 年的时间。在 20 世纪 20 年代，可卡因和海洛因在埃及被无限制地商业化买卖，导致这些毒品的大量流行，而这些毒品的流行也在强制性措施实施之后减少（Domestic Council Drug Abuse Task Force 1975，p. 36）。

预防药物滥用的国际合作

早在 19 世纪就有许多组织制定了预防酒精和毒品滥用的原则，这些组织在欧洲最多。在此期间，第一届国际酒精和成瘾理事会（ICAA）于 1885 年在比利时的安特卫普（Antwerp）召开，这一会议当时被称为“安特卫普国际反酒精饮料滥用会议”，会议的唯一议程就是研究酒精滥用。第二届反酒精饮料滥用国际会议于 1887 年在苏黎世召开。前文提到的预防和治疗酗酒的先驱——瑞士的 Auguste Forel 教授当选为这次大会组委会主席。1903 年在德国柏林召开的第九次会议第一次讨论了毒品问题的严重性，在这次会议上 Auguste Forel 教授针对麻醉药品使用问题进行了演讲。他积极地参与会议工作，并在 1907 年成为斯德哥尔摩会议的主席，在这次会议上成立了国际反酗酒组织（ICAA 1985，p. 1）。Forel 教授继续为预防和根除酗酒投入了大量精力，不知疲倦地工作，并亲自到各地宣传，尤其是东欧。他对 Bahá'í 关于戒酒的教义和以参加礼拜的形式实现服务精神的观点印象深刻。在 20 世纪 20 年代早期，他成为 Bahá'í 的一员并且为人类的进步积极地传授 Bahá'í 的精神（Mühlschlegel

1978)。

随着时代的变迁，除了国家性质和国际性质的各种组织外，许多著名人物都加入了预防药物滥用的行列。

毒品控制领域的国际合作始于20世纪初，成功的标志是1909年麻醉药品的成功限运。在1912年和1972年之间签订的国际毒品条约为国际毒品控制体系提供了法律基础。联合国从1946年开始承担之前由国家联盟执行的毒品控制功能和职责（UN information，Vienna 1987）。

1985年12月，鉴于毒品滥用在全世界范围内的快速传播以及毒品对人类精神和生活造成的深远影响，联合国大会通过了一项提案强烈要求所有成员国家都要使用自己的政治力量来打击毒品滥用和非法运输。这项提案要求人们从政治上、文化上和社会意识上高度认识毒品滥用的严重后果。此外，提案还要求1987年在维也纳举办国际会议，并就将来如何处理毒品滥用这个严重的全球性问题拟定一个跨学科的综合性提纲（Grant 1986，p. 21）。在这个提案提出以后，联合国非政府组织1986年9月在瑞典斯德哥尔摩举行了关于毒品滥用和非法运输的地区间会议。斯德哥尔摩会议是由联合国和瑞典政府合作主办的，大会向联合国提交了一份重要而有价值的建议。这些建议为那些1987年6月参加维也纳国际会议的政府代表和非政府组织代表达成协议提供了重要的参考。维也纳会议包括两个同时进行的分会议，一个会议由来自全世界138个国家的政府代表组成，其中约有半数为部长级代表，另外一个是由联合国的200个非政府组织代表团举行的讨论会和研讨会。国际会议于1987年9月向联合国大会提交到了提案作为会议的决议。

1994年12月，关于减少毒品需求的非政府组织世界论坛在泰国曼谷举行，这次会议由联合国国际毒品控制项目

（UNDCP）主办，来自112个国家的非政府组织代表团参加了这次会议。1998年6月，联合国大会特别会议在纽约举行，这次会议的议题是打击精神性药物的非法生产。非政府组织在特别会议期间举行了自己的会议。

Bahá'í 国际共同体是联合国的一个非政府组织，在全世界毒品滥用和酗酒的预防和根除方面同联合国紧密合作。该组织派代表出席了1987年在维也纳举办的联合国国际会议并宣读了官方声明（附于书末，p.148-50）。该组织也参加了1994年的非政府组织世界论坛和1998年的非政府组织会议。在1994年世界论坛期间，出席作者做了关于父母教育和预防物质滥用的报告。

建议

下面是针对毒品运输的控制和物质滥用的预防提出的建议：

1. 世界各国政府，不考虑文化、经济和政治差别，在打击麻醉药品和其他毒品的种植、生产和运输上都应该采取一个共同的目标。这需要各国通力合作，制定并执行严格的法律来实现。在实施这些法律的过程中，任何松懈和仁慈都会使我们无法达到预期目标，必须严格避免。如果滥用物质的可获得性明显降低，将会带来以下成效：

（ⅰ）新的毒品使用者和复吸者无法获得毒品；

（ⅱ）鼓励吸毒者寻求积极的治疗和康复；

（ⅲ）促进健康生活方式和生理、心理、社交、精神健康的维持。

2. 各个行业的医药卫生工作人员，包括与酒精和药物滥用有关的人员，对酒精和药物滥用给当今社会带来的普遍痛苦和灾难都有充分的认识。为了改变这种现象，世界卫生组织（WHO）应该号召它的全体成员和卫生机构接受戒除酒精和毒品消费的挑战。

3. 应该通过教育系统、媒体和宗教体系开展以年轻人和老年人为对象的，关于毒品使用和成瘾的危害的国际性宣传教育运动。还应该教育人们掌握应付生活压力和困难的方法和手段，而不是求助于酒精和毒品。学校和媒体在抵制毒品使用和运输的斗争中起着很重要的作用，同时在提供积极的替代方法上具有重要影响力。然而，当前的教育体制和媒体没能为预防毒品和酒精的滥用提出一个有效的方案。实际上，在世界上的大多数国家，媒体广告美化了饮酒等物质滥用行为，这对饮酒行为是明显的鼓励。

4. 在对抗毒品滥用的斗争中，一个非常重要的因素是重要的社会人物（包括政治家、政府要员、艺术家、教师、作家、立法者、体育明星、影视明星和一般意义上的社会英雄）首先要身体力行，作出表率。如果这些人可以戒除酒和毒品，为社会树立榜样的话，在预防物质滥用上就更容易教育人们。

总之，现在有足够的证据表明与酒精和毒品依赖的传播相关的因素不仅包括毒品的可获得性，还包括个体的彼此疏远、来自同龄人的压力、自尊心差、应激处理能力匮乏和缺乏对终极生活目标的洞察力。预防酒精和毒品依赖的最有效方法是建立基于理性和信仰的纪律和道德信念，并培养自然和宇宙范围的精神价值观体系。这个价值体系是 Bahá'u'lláh 教义所描述的，也是全世界 Bahá'í 共同体行为的准则。

预防酒精和毒品滥用是全社会共同的责任，所有社会成员包括个人、家庭、教育家、管理者、医务人员和其他社会成员，都应该联合起来创造一个有益于社会心理健康、个人成长和精神满足，没有物质滥用及其严重危害的环境。

附　录

Bahá'í国际共同体提交给联合国药物滥用和非法运输的国际会议的声明

澳大利亚，维也纳，1987年6月17～26日

Bahá'í世界共同体，由分布在140个独立国家的Bahá'í共同体组成，代表了超过2000个种族背景的人群，拥有4500万男女儿童、青年和成年人成员，以Bahá'í Faith的创立者Bahá'u'lláh的原则和教义为精神支柱。这些教义中的一条规定就是对所有的酒精性饮料、阿片和类似的成瘾性药物要全面戒除[1]。

鉴于对这种戒除的遵守，Bahá'í国际共同体只有就毒品滥用运动与联合国全力合作；并热烈地欢迎毒品滥用和非法运输国际会议的召开才是正常的，因为此次会议在寻找预防和根除毒品成瘾和物质滥用方法的道路是具有重要意义。

因此，本着继续合作的精神，我们将愿意提供以下调察结果。

正如我们所知，物质滥用的蔓延传播不仅局限于西方社会的支流社会。现在在所有国家都能看到令人担忧的征象，而且物质滥用并非局限于特定社会群体；相反，它已经渗透到人类社会的各个阶层。目前，来自各年龄段、各行业的数百万人都受到非法毒品的影响。

目前的焦点主要集中于与药物滥用的破坏作用进行直接斗争，我们欢迎药物滥用的预防得到越来越多的关注，并强烈呼吁这一问题的维度得到更多重视。我们还提出对毒品的需要是多数人的问题，因此应该特别关注个体对药物的生产、运输或消费的

态度。

当今行为科学家一致认为“态度对形成某种行为的影响比知识大”。此外他们还提出“态度是在早期教育阶段后天获得的，后来演变为生活方式”，这些“习得的态度变成价值观，而价值观指导行为的决定”[2]。

因此，在发展预防和教育项目时要特别重视人类本质的精神层次所起的作用。精神实质经常被误解或与宗教迷信和狂热相混淆，因此常常被当作无用的东西被摒弃。然而，在 Bahá'í 的观点认为，宗教之所以神圣的重要基础是全世界人民密切合作并统一思想和目标，而不考虑宗教信仰或意识形态的不同。这些条件对促进人类基本品质的高尚性、保护人的思想和灵魂不受违禁物质的有害作用影响都是可能的且必需的。

Bahá'í 教义认为人是“至高无上的”[3]，是高贵的。思考能力是人的重要本质。通过思考再辅以教育，人类就能充分认识自己整个人生旅程的全部潜力。

因此 Bahá'í 国际共同体相信对生命精神意义和人生目的的理解是教育人类预防药物滥用的基本步骤；快乐是人类寻找日常生活意义的自然结果，而不是化学物质的产物。

同样 Bahá'í 的著作强调在培养安全感、建立生活目的、树立行为榜样方面，家庭和家人具有重要作用。因为 Bahá'ís 禁止非医疗性使用药物，在遵循这个戒律方面，父母是孩子们有效的榜样。

结合这一点，我们愿意在预防毒品滥用的所有运动中强调榜样的巨大影响，无论是在家庭还是在社会上。重要社会人物——包括政府官员、教师、父母、作家、立法者、艺术家、医务工作者、体育明星、其他名流和有影响的人物——在树立戒除非法药物的榜样方面的价值是怎样强调都不过分的。

最后，Bahá'í 国际共同体希望世界各国政府，能够在即将召开的会议中，不考虑文化、经济和政治的差异，就预防药物滥用问题达成共识，限制非医疗用途的麻醉药品和其他形式毒品的种植和运输。

1. From the Bahá'í Writings.
2. Ghadirian, A. - M., *In Search of Nirvana: a New Perspective on Alcohol and Drug Dependency*. George Ronald, Publisher, Oxford, England, 1985, p. 48.
3. From the Bahá'í Writings.

参考文献

'Abdu'l-Bahá. 1995. *Paris Talks, Addresses given by 'Abdu'l-Bahá in Paris 1911 –1912.* 12th ed. London: Bahá'í Publishing Trust.

— 1957. *The Secret of Divine Civilization.* Wilmette, IL: Bahá'í Publishing Trust.

— 1978. *Selections from the Writings of 'Abdu'l-Bahá.* Haifa: Bahá'í World Centre.

— 1981. *Some Answered Questions.* Rev. ed. Wilmette, IL: Bahá'í Publishing Trust.

Alcoholism and Drug Addiction Research Foundation (ARF). 1981. Report of an ARF/WHO Scientific Meeting on Adverse Health and Behavioural Consequences of Cannabis Use, Toronto.

Allen, K. 1994. 'Development of an instrument to identify barriers to treatment for addicted women from their perspective', in *International Journal of the Addictions*, no. 29, pp. 429–444.

Allen, R. P.; McCann, U. D.; Ricaurte, G. A. 1993. 'Persistent effects of 3,4- methylene-dioxymethamphetamine (MDMA, "Ecstasy") on human sleep', in *Sleep*, no. 16, pp. 560–564.

American Psychiatric Association (APA). 1994. *Substance Abuse.* In series: Let's Talk About Mental Illness. Washington, D.C.

'Americans starting to realize danger of alcohol, HHS Reports'. 1987. *Psychiatric News* (15 May), p. 3.

Ananth, J. 1978. 'Side effects in the neonate from psychotropic agents excreted through breast-feeding', in *American Journal of Psychiatry*, vol. 135, no. 7, pp. 801–805.

Anglin, M. D.; Hser, Y.; McGlothlin, W. H. 1987. 'Sex differences in addict carriers', in *American Journal of Drug and Alcohol Abuse*, no. 131, pp. 59–71.

Arehart-Treichel, J. 2006a. 'Alcoholism's genetic roots becoming clearer', in *Psychiatric News (Am)* (6 Oct.), p. 25.

— 2006b. 'Researchers hope boosting receptors can prevent alcoholism', in *Psychiatric News (Am)* (6 Oct.), p. 25.

The Báb. *Selections from the Writings of the Báb.* 1976. Haifa: Bahá'í World Centre.

Bahá'í Prayers: A Selection of Prayers Revealed by Bahá'u'lláh, the Báb, and 'Abdu'l-Bahá. 2002. Wilmette, IL: Bahá'í Publishing Trust.

Bahá'u'lláh. 1976. *Gleanings from the Writings of Bahá'u'lláh.* Trans. Shoghi Effendi. 2nd rev. ed. Wilmette, IL: Bahá'í Publishing Trust.
— 1978. *Tablets of Bahá'u'lláh revealed after the Kitáb-i-Aqdas.* Haifa: Bahá'í World Centre.
— 1980. *The Hidden Words of Bahá'u'lláh.* Wilmette, IL: Bahá'í Publishing Trust.

Bahá'u'lláh and 'Abdu'l-Bahá. 1944. *The Divine Art of Living.* Compiled by Mabel Hyde Paine. Wilmette, IL: Bahá'í Publishing Trust.
— 1976. *Bahá'í World Faith.* Wilmette, IL: Bahá'í Publishing Trust.

Beary, M. D.; Lacey, J. H.; Merry, J. 1986. 'Alcoholism and eating disorders in women of fertile age', in *British Journal of Addiction*, no. 81, pp. 685–689.

Becklake, M. R.; Ghezzo, H; Ernst, P. 2005. 'Childhood predictors of smoking in adolescence – a follow-up study of Montreal school children', in *Canadian Medical Association Journal*, no. 173 (4), pp. 377–379.

Bedi, Rahul. 1992. 'Keeping Manipur drug-free: Indian state's torch-bearing women enforce anti-moonshine laws – with a vengeance', in *Southam News*, quoted in *The Gazette* (Montreal) (24 Feb.), p. 1.

Benazzi, F.; Mazzoli, M. 1991. 'Psychiatric illness associated with "ecstasy"', in *The Lancet*, no. 338, p. 1520.

Brindley, Madeleine. 2006. 'Ireland became the first country in the world to ban smoking in 2004', in *Western Mail* (13 Dec.). From www.icWales.co.uk.

Buchan, V. 1977. 'I'm in terrible trouble', in *Listen Magazine* (Feb.), pp. 12–13.

Castro, Janice, and Associates. 1986. 'Battling the enemy within', in *Time Magazine* (17 Mar.), p. 41.

Chandler, William U. 1986. 'Banishing tobacco', in *World Health Magazine* (June), p. 8.

Chassin, L.; Barrera, M. 1991. 'Substance use and symptomatology among adolescent children of alcoholics', in *Journal of Abnormal Psychology*, no. 100, pp. 449–463.

Clare, Anthony W. 1986. 'Drugs are big business', in *World Health Magazine* (June), p. 18.

Cohen, Allan Y. 1971. 'The journey beyond trips: Alternatives to drug use', in *Journal of Psychedelic Drugs*, vol. 3, no. 2, pp. 16–21.

Cohen, Sidney. 1971. 'A Commentary on "The Ethics of Addiction"', in *American Journal of Psychiatry*, no. 128, pp. 547–550.
— 1975. *Teenage Drinking: The Bottle Babies*, vol. 4, no. 7 (Aug.), p. 1.
— 1976. 'Pharmacology of drugs of abuse', in *Drug Abuse and Alcoholism Newsletter*, vol. 5, no. 6 (July), p. 3. Reprinted with permission.
— 1981a. 'Cannabis: Impact on motivation, Part II', in *Drug Abuse and Alcoholism Newsletter*, vol. X, no. 1 (Jan.), p. 1.
— 1981b. 'The one vehicle accident', in *Drug Abuse and Alcoholism Newsletter*, vol. X, no. 2 (Apr.), p. 1.
— 1981c. 'Gift of the Sun God or the Third Scourge of Mankind', in *Drug Abuse and Alcoholism Newsletter*, vol. X, no. 7 (Sept.), p. 1.
— 1981d. 'Substance abuse: Initiation and perpetuation', in *Drug Abuse and Alcoholism Newsletter*, vol. X, no. 9 (Nov.).
— 1982. 'Pleasure and pain', in *Drug Abuse and Alcoholism Newsletter*, vol. XI, no. 5 (June).

Curran, H. V.; Travill, R. A. 1997. 'Mood and cognitive effect of 3,4- methylenedioxymethamphetamine (MDMA, "ecstasy"): Weekend "high" followed by mid-week low', in *Addiction*, vol. 92, no. 7, pp. 821–831.

D'Agnone, O. A.; Basyk, L. D. 1989. 'Some familial dynamic aspects in drug abusers', in *Medicine and Law*, no. 8, pp. 431–432.

Danesh, H. B. 1986. *Unity: The Creative Foundation of Peace*. Ottawa: Bahá'í Studies.

'Demon drink'. 1986. *World Health Magazine* (June), p. 12.

De Ropp, Robert S. 1976. *Drugs and the Mind*. New York: Delacorte Press/Seymour Lawrence.

'Drinking as a way of life'. 1978. *Time Magazine* (22 May), p. 38.

Dobbie, Judy. 1977. 'Substance abuse among the elderly', in *Addictions* (Fall).

Domestic Council Drug Abuse Task Force. 1975. *White Paper on Drug Abuse, A Report to the President from the Domestic Council Drug Abuse Task Force* (Sept.), pp. 1–9.

DuPont, R. L. 1981. 'Learning from the past to cope with the future', in Nahas and Frick II, p. 268.
— 1984. *Getting Tough on Gateway Drugs*. Washington, D.C.: American Psychiatric Press.
— 1997. *The Selfish Brain – Learning from Addiction*. Washington, D.C.: American Psychiatric Press.

European Collaborative Study. 2006. 'The mother-to-child HIV transmission epidemic in Europe: evolving in the East and established in the West', in *AIDS*, vol. 20, no. 10 (June), pp. 1419–1427.

European Commission. 1998. *Alcohol Problems in the Family: A Report to the European Union* (Eurocare), pp. 7–28.

Esson, Katherine M. 2004. *The Millenium Development Goals and Tobacco Control: An Opportunity for Global Partnership*. Geneva: WHO.

Fauman, M. A.; Fauman, B. J. 1979. 'Violence associated with phencylidine abuse', in *American Journal of Psychiatry*, no. 136, pp. 1584–1586.

Forel, Auguste H. 1937. *Out of My Life and Work*. New York: W.W. Norton.

Frankl, Victor E. 1967. *The Doctor and the Soul: From Psychotherapy to Logotherapy*. New York: Bentham Books.
— 1975. *Man's Search for Meaning*. New York: Pocket Books.

Ghadirian, A.-M. 1969. 'A tissue culture study of morphine dependence on the mammalian CNS', in *Canadian Psychiatric Association Journal*, vol. 14, pp. 607–615.
— 1979. 'Adolescent alcoholism: Motives and alternatives', in *Journal of Comprehensive Psychiatry*, vol. 20, no. 5 (Sept.–Oct.), pp. 469–474.
— 1987. 'Coping with stress in a changing world', in *Herald of the South*, vol. 10 (Jan.), pp. 34–38.
— 1991 'A Baha'i perspective on drug abuse prevention' in *Bulletin on Narcotics* (Vienna: United Nations), no. 43, pp. 35–40.
— Subak, N.E.; Kovess, V.; Gregoire, G.; Prince, R. 1985. 'Alcohol and drug use among Montreal high school students', in *Proceedings of the 34th International Congress on Alcoholism and Drug Dependence*, pp. 22–24.

Globe Magazine: International Alcohol and Drug Problems. 1998. 'Early drinking said to increase alcoholism risk….' Issue 2, p. 8 (Institute of Alcohol Studies: St. Ives).

— 1999a. 'Addiction among South African farm workers'. Issue 3.
— 1999b. 'UK tops the drug league'. Issue 4, pp. 2–10.
— 2002. 'Living dangerously: The World Health Report 2002'. Issue 4, p. 3.
— 2004a. 'Alcohol: Our kids' drug of choice. Issue 3 (June) (Global Alcohol Policy Alliance: London).
— 2004b. 'Focus on youth drinking'. Issue 3, pp. 19–21.
— 2006a. 'Launch of Asia Pacific Alcohol Policy Alliance'. Issue 3.
— 2006b. 'World Bank calls for action on youth and alcohol'. Issue 3.

Grant, Marcus. 1986. 'Meeting the threat of drug abuse', in *World Health Magazine* (June), p. 21.

Gregory, Ian. 1968. *Fundamentals of Psychiatry.* Philadelphia: W. B. Saunders.

Griffin, M. L.; Weiss, R. D.; Mirin, J. M.; Lange, U. 1989. 'A comparison of male and female cocaine abusers', in *Archives of General Psychiatry*, vol. 46, no. 2 (Feb.), pp. 122–126.

Hao, Wei. 1993. 'Women and substance abuse in China', in *Women and Substance Abuse: 1993. Country Assessment Report*, pp. 197–203. Geneva: WHO.

Harries, D. P.; De Silva, R. N. 1992. '"Ecstasy" and intracerebral haemorrhage', in *Scottish Medical Journal*, no. 37, pp. 150–152.

Hatterer, Lawrence J. 1980. *The Pleasure Addicts.* South Brunswick and New York: A.S. Barnes and Company; London: Thomas Yoseloff.

Henry, J. A.; Jeffreys, K. J.; Dawling, S. 1992. 'Toxicity and deaths from 3,4- methylenedioxymethamphetamine ("ecstasy")', in *The Lancet*, no. 340, pp. 382–387.

Herrington, B. S. 1980. 'Addicted neonates: A grim portrait', in *Psychiatric News* (4 Apr.), p. 3.

Honnold, Annamarie (comp.). 1986. *Divine Therapy.* Oxford: George Ronald.

'Honour of All'. 1985. Brochure about the film.Williams Lake, B.C.: Alkali Lake Indian Band.

Hurley, D. L. 1991. 'Women, alcohol and incest : An analytical review', in *Journal of Studies on Alcohol*, no. 52, pp. 253–268.

Inaba, Darryl et al. 1977. *Psychoactive: The Physiological Effects of*

Psychoactive Drugs. Manual of the film, p. 15. San Francisco: Pyramid Films.

Information Canada. 1972. *Report of the Royal Commission's Inquiry into the Non-Medical Use of Drugs: Treatment*. Ottawa.

— 1973. *Final Report of the Commission of Inquiry into the Non-Medical Use of Drugs*. Ottawa.

International Council on Alcohol and Addictions (ICAA). 1985. *International Council on Alcohol and Addictions News*.

International Labour Office (ILO). 1996. *Management of alcohol- and drug-related issues in the workplace. An ILO code of practice*. Geneva: ILO.

— 2006. 'Coming clean: Drug and alcohol testing in the workplace', in *World of Work Magazine*, no. 57 (Sept.), p. 33–36. www.ilo.org.

Jones, H. B.; Jones, H. C. 1977. *Sensual Drugs: Deprivation and Rehabilitation of the Mind*. Cambridge University Press.

Jordan, Daniel C. 1968. *Becoming Your True Self*. Wilmette IL: Bahá'í Publishing Trust.

— 1970. 'In search of the Supreme Talisman', in *World Order*, vol. 5, no. 1, pp. 12–20.

Kalant, Oriana. 1986. 'The cocaine comeback', in *Canadian Doctor* (Apr.), p. 9.

Kassett, J. A.; Gershon, E. S.; Maxwell, M. E.; Guroff, J. J.; Kazuba, D. M.; Smith, A. L.; Brandt, H. A.; Jimerson, D. C. 1989. 'Psychiatric disorders in the first-degree relatives of probands with bulimia nervosa', in *American Journal of Psychiatry*, no. 146, pp. 1468–1471.

Keeve, J. P. 1984. 'Physicians at risk: Some epidemiologic considerations of alcoholism, drug abuse, and suicide', in *Journal of Occupational Medicine*, vol. 26, no. 7, pp. 503–508.

Kline, N. S. 1977. 'LSD: The latch of disinhibition', in *Psychiatry and Social Science Review*, vol. 1, no. 5 (May), p. 4.

Koenig, H. G.; George, L. K.; Meador, K. G. et al. 1994. 'Religious practices and alcoholism in a southern adult population', in *Hospital and Community Psychiatry*, no. 45, pp. 225–231.

Kosten, T. R.; Rounsaville, B. J.; Kleber, H. D. 1986. 'Ethnic and gender differences among opiate addicts', in *International Journal of the Addictions*, no. 20, pp. 1143–1162.

Kosub, David, 1997. 'Vancouver leads in drug use with HIV', in *The Medical Post* (Canada), 21 Oct., pp. 1 and 52.

Lall, B. M.; Lall, G. R. 1977. 'The marijuana epidemic: Meeting the issue and developing positive alternatives', in F. A. Soper (ed.): *Report of the Second World Congress for the Prevention of Alcoholism and Drug Dependency.*Berrien Springs, Mich.: Michigan University Press.

Lample, Paul. 1999. *Creating a New Mind.* Riviera Beach, Florida: Palabra Publications.

Land, Thomas. 1987. 'WHO's attack on drug abuse begins with physicians', in *The Medical Post* (14 Apr.), p. 30.

Leshner, A. I. 1999. 'Science is revolutionizing our view of addiction - and what to do about it', in *American Journal of Psychiatry* (Jan.), vol. 156, no. 1, p. 1.

Levine, S. V. 1980. Quoted in *Psychiatric News,* American Psychiatric Association (4 Jan.), p. 33.

Ling, George M.; Boutle, Susan. 1979. 'Children and drugs', in *World Health* (June), p. 10.

Maddux, James; Hoppe, Sue K.; Costello, Raymond M. 1986. 'Psychoactive substance use among medical students', in *American Journal of Psychiatry,* vol. 143, no. 2 (Feb.), pp. 187–191.

Mann, Jonathan; Daniel, J. M.; Netter, Thomas.W. (eds.). 1992. *Aids in the World: A Global Report.* Harvard: Harvard University Press.

Mathew, R. J.; Wilson, W. H.; Blazer, D. G.; George, L. K. 1993. 'Psychiatric disorders in adult children of alcoholics: Data from the epidemiological catchment area project', in *American Journal of Psychiatry*, no. 150, pp. 793–800.

McConville, Brigid. 1983. *Women Under the Influence, Alcohol and its Impact.* New York: Schoken Books.

Mecca, A. M. 1978. 'Primary prevention: An avenue we must pursue', in Schecter, Alksne and Kaufman (eds.), *Critical Concern in the Field of Drug Abuse.*

Mellinger, G. D.; Balter, M. B.; Uhlenhuth, M. 1984. 'Prevalence and correlates of long-term regular use of anxiolytics', in *Journal of the American Medical Association*, no. 251, pp. 375–379.

Mühlschlegel, Peter. 1978. *August Forel and the Bahá'í Faith.* Oxford: George Ronald.

Mwenesi, H. A. 1996. 'Rapid assessment of drug abuse in Kenya', in *Bulletin on Narcotics* (Vienna: United Nations), vol. XLVIII, nos. 1 & 2.

Nahas, Gabriel G. 1981. 'A pharmacological classification of drugs of abuse', in *Drug Abuse in the Modern World: A Perspective for the Eighties*, ed. G. G. Nahas and H. C. Frick II. New York: Pergamon Press.

— 1987. 'Prevention: The only solution', in Steed (ed.): *Report of the Sixth World Congress for the Prevention of Alcoholism and Drug Dependency.*

National Institute on Drug Abuse (NIDA). 1993. 'National household survey on drug abuse: Population estimated, 1993'. Washington, D.C., US Department of Health and Human Services, 1994, in Stein and Cyr, 1997.

NGO World Forum on Drug Demand Reduction. 1994. *Women and Drug Abuse*, p. 10. Bangkok.

Noble, Ernest. 1987. 'Prevention by and for all to make a safer future', in Steed (ed.): *Report of the Sixth World Conference for the Prevention of Alcoholism and Drug Dependency*, pp. 25–26.

Nurnberger Jr., J. I; Bierut, L. J. 2007. 'Seeking the connections: Alcoholism and our genes', in *Scientific America* (Apr.), pp. 46–48.

O'Brien, C. P. 1997. 'Progress in the science of addiction', in *American Journal of Psychiatry* (Sept.), vol. 154, no. 9, p. 1195.

O'Connor, B. 1994. 'Hazards associated with the recreational drug "ecstasy"', in *British Journal of Hospital Medicine*, vol. 52, no. 10, pp. 507–514.

The Pan American Health Organization. 2005. 'Global Tobacco Treaty Enters into Force', in *PAHOtoday* (Apr.). www.paho.org/English/DD/PIN/ptoday12_apr05.htm.

Pardini, D. A.; Plante, T. G.; Sherman, A.; Stump, J. E. 2000. 'Religious faith and spirituality in substance abuse recovery: Determining the mental health benefits', in *Journal of Substance Abuse Treatment*, no. 19, pp. 347–354.

PEDDRO (Prevention Education Drugs, a joint UNESCO/European Commission Programme). 1998. Newsletter. 'Synthetic drugs: A new challenge for prevention'. Issue 1–2 (Feb.). http://www.unesco.org/most/peddro.htm.

Pérez de Cuéllar, Javier. 1985. Address to Spring Session of UN Economic and Social Council, in *UN Chronicle*, vol. 22 (May), pp. 42–45.

Piazza, N. J.; Vrbka, J. L.; Yeager, R. D. 1989. 'Telescoping of alcoholism in women alcoholics', in *International Journal of the Addictions*, no. 24, pp. 19–28.

Player, David A. 1986. 'The big killer', in *World Health Magazine* (June), p. 4.

Power, R. 1996. 'Rapid assessment of drug-injecting situation at Hanoi and Ho Chi Minh City, Viet Nam', in *Bulletin on Narcotics* (Vienna: United Nations), vol. 48, nos. 1 & 2.

Prince, Raymond. 1982. 'Culture, race and alcoholism', in *Annals of the Royal College of Physicians and Surgeons of Canada*, vol. 15, no. 7 (Nov.) pp. 595–599.

Ram Nath, Uma. 1986. 'Smoking in the Third World', in *World Health Magazine* (June), p. 6.

Rohsenow, D. J.; Corbett, R.; Devine, D. 1988. 'Molested as children: A hidden contribution to substance abuse', in *Journal of Substance Abuse Treatment*, vol. 5, no. 2, p. 129.

Sanders, J. M. Jr. 1982. 'Adolescents abusing drugs more often at earlier age', cited in *Psychiatric News*, American Psychiatric Association (17 Dec.), p. 12.

Sartorius, Norman. 1986. 'Putting a higher value on health', in *World Health* (June), pp. 2–3.

Saunders, N. 1993. *E for Ecstasy*. London: Nicholas Saunders.

Schecter, A.; Alksne, H.; Kaufman, E. (eds.). 1978. *Critical Concern in the Field of Drug Abuse*. New York: Marcel Dekker.

Schukit, Marc A. 1995. 'Alcohol dependence in women: Is it really unique?', in *Drug Abuse and Alcoholism Newsletter*, vol. 24, no. 1 (Feb.), pp. 1–4.

Schwartz, Richard H. 1985. 'Frequent marijuana use in adolescence', in *American Family Physician*, vol. 31, no. 1 (Jan.), pp. 201–205.

Scott, Edward M. 1972. *The Adolescent Gap: Research Findings on Drug Using and Non-Drug Using Teens*. Springfield, IL.: C.C. Thomas.

Selassie, S.; Gebre, A. 1996. 'Rapid assessment of drug abuse in Ethiopia', in *Bulletin on Narcotics* (Vienna: United Nations), vol. 48, nos. 1 & 2.

Self, D. 2004. 'Drug dependence and addiction – Neural substrates', in *American Journal of Psychiatry* (Feb.), vol. 161, no. 2, p. 223.

Shoghi Effendi. 1963. *The Advent of Divine Justice*. Wilmette, IL: Bahá'í Publishing Trust.

Smart, R.G. 1976. 'The new drinkers: Teenage use and abuse of alcohol', in *Journal of Addictions*, vol. 23, no. 1 (Spring), p. 10.

Smith, R. M. 1979. 'The long, slow stunting of cigarette sales', in *Business Week* (7 May), p. 40.

Sokol, R. J. 1981. 'Alcohol and abnormal outcome of pregnancy', in *Canadian Medical Association Journal*, vol. 125 (July), pp. 143–148.

Solowij, N.; Hall, W.; Lee, N. 1992. 'Recreational MDMA use in Sydney: A profile of "ecstasy" users in their experience with the drug', in *British Journal of Addiction*, no. 87, pp. 1161–1172.

Steed, Ernest. 1987. *Report of the Sixth World Congress for the Prevention of Alcoholism and Drug Dependency*. Nampa, Idaho: International Commission for Prevention of Alcoholism and Drug Dependency, Pacific Press Publishing Association.

Steele, T. D.; McCann, U. D.; Ricaurte, G. A. 1994. '3,4-methylenedioxy-methamphetamine (MDMA, ecstasy): Pharmacology and toxicology in animals and humans', in *Addiction*, vol. 89, pp. 539–551.

Stein, M. D.; Cyr, M. G. 1997. 'Women and substance abuse', in *Medical Clinics of North America*, vol. 81, no. 4, pp. 979–998.

Stein, R. A.; Strickland, T. L.; Khalsa-Dennison, E.; Andre, K. 1997. 'Gender differences in neuropsychological test performances among cocaine abusers', in *Archives of Clinical Neuropsychology*, no. 12, pp. 410–411.

Stuart Houston. 1986. 'The sociology of cigarette smoking', in *Canadian Medical Association Journal*, vol. 134 (15 Apr.), pp. 878–879.

United Nations (UN). Division of Narcotic Drugs. 1982. *The United Nations and Drug Control*. Vienna.

— 1987. 'Review of drug abuse and measures to reduce the illicit demand for drugs by region', in *Bulletin on Narcotics*, vol. 39 (Jan.–Mar.), pp. 4–5.

— International Drug Control Programme (UNDCP). 1996. 'Amphetamine type stimulants: A global review', in *UNDCP Review*, no. 3.

— 1997. *World Drug Report*. Oxford: Oxford University Press.

— Office of Drugs and Crime (UNDCP). 2005. *World Drug Report 2005*. Vienna: UNODC. Electronic version on www.unodc.org.

— 2006. *World Drug Report 2006*. Vienna: UNODC. Electronic version on www.unodc.org.

Universal House of Justice, Research Department of the. 1991. *Compilation of Compilations*, vol. 2, 1964–1990. Maryborough, Victoria: Bahá'í Publications Australia.

Vaillant, George E. 1983. *The Natural History of Alcoholism*. Cambridge, Mass: Harvard University Press.

— 1985. 'Variety of research on genetic markers for alcoholism now underway in U.S.', in *Psychiatric News* (17 May).

Wansi, E. 1996. 'Rapid assessment of drug abuse in Cameroon', in *Bulletin on Narcotics* (Vienna: United Nations), vol. 48, nos. 1 & 2.

Weiss, S. 2002. 'The story of the alcoholic milk drink in Israel', in *The Globe*, Issue 4, p. 20.

Whitaker-Azmitia, P. M.; Aronson, T. A. '"Ecstasy" (MDMA)-induced panic', in *American Journal of Psychiatry*, no. 146, p. 119.

Winfield, I.; Gorges, L. K.; Swart, M. et al. 1990. 'Sexual assault and psychiatric disorders among a community sample of women', in *American Journal of Psychiatry*, no. 147, pp. 335–341.

The World Book Encyclopedia. 1979 (Chicago). 'Alcohol', vol. 1, p. 321; 'Tobacco', vol. 19, pp. 240, 243.

World Health Organization (WHO). 1987. Media service feature on the UN International Conference on Drug Abuse and Illicit Trafficking, Vienna, Austria, June 1987.

— 1993. *Women and Substance Abuse: 1993. Country Assessment Report*. Programme on Substance Abuse. Geneva: WHO.

— 1996. *Indigenous Peoples and Substance Abuse Project, Report on Planning Meeting (Phase 2)*. Programme on Substance Abuse. Costa Rica: WHO.

— 2002. *World Health Report*. Issue 4.

— 2003. *Western Pacific Regions – Health First*. www.who.int/china/media_centre/speeches.

— 2006a. *HIV/AIDS, Child and Adolescent Health and Development*. www.who.int/child-adolescent-health/hiv.htm.

— 2006b. The Tobacco Atlas, Tobacco Free Initiative.

www.who.int/tobacco/statistics/tobacco_atlas/en/.

Zeitlin, H. 1994. 'Children with alcohol-misusing parents', in *British Medical Bulletin*, no. 50, pp. 139–151.

关于作者

Abdu'l - Missagh Ghadirian 博士是 McGill 大学医学院的教授，McGill 大学卫生中心的名誉退休医师、是加拿大皇家内科和外科医师学会会员，美国精神病学协会的卓越终身会员。他从事过非常广泛的研究，在相关杂志发表同行审阅论文 100 余篇，为其他学术性媒体投稿大约 30 篇。出版著作 9 部，包括：《寻找天堂》、《衰老：挑战、机遇、环境和精神病理学》（后来由 Heinz Lehmann 教授编辑）。他的一些著作已经被翻译成英语、西班牙语、意大利语、葡萄牙语、波斯语、俄语、汉语和法语并出版。他在 Bahá'i 国际共同体（一个国际非政府组织）做过多年预防酒精和药物依赖的顾问。目前，他除了做一些研究工作外，还在蒙特利尔 McGill 大学医学院教授灵性和伦理学的课程。